LI CHENG ZHANG JIAO LIAN AO SHU BI JI

李成章教练奥数笔记

第5卷

李成章 著

哈尔滨工业大学出版社
HARBIN INSTITUTE OF TECHNOLOGY PRESS

内容提要

本书为李成章教练奥数笔记第五卷,书中内容为李成章教授担任奥数教练时的手写原稿. 书中的每一道例题后都有详细的解答过程,有的甚至有多种解答方法.

本书适合准备参加数学竞赛的学生及数学爱好者研读.

图书在版编目(CIP)数据

李成章教练奥数笔记. 第5卷/李成章著. —哈尔滨:哈尔滨工业大学出版社,2016.1(2024.1重印)
ISBN 978-7-5603-5622-8

Ⅰ.①李… Ⅱ.①李… Ⅲ.①数学-竞赛题-题解 Ⅳ.①O1-44

中国版本图书馆 CIP 数据核字(2015)第 220771 号

策划编辑	刘培杰　张永芹
责任编辑	张永芹　杜莹雪
封面设计	孙茵艾
出版发行	哈尔滨工业大学出版社
社　　址	哈尔滨市南岗区复华四道街10号　邮编150006
传　　真	0451-86414749
网　　址	http://hitpress.hit.edu.cn
印　　刷	哈尔滨圣铂印刷有限公司
开　　本	787mm×1092mm　1/16　印张14.5　字数161千字
版　　次	2016年1月第1版　2024年1月第3次印刷
书　　号	ISBN 978-7-5603-5622-8
定　　价	38.00元

(如因印装质量问题影响阅读,我社负责调换)

目录

七　归纳构造法　//1

八　抽屉原理(二)　//36

九　字典排列法与轮换排列法(一)　//67

十　字典排列法和轮换排列法(二)　//106

十一　字典排列法与轮换排列法(三)　//125

十二　离散最值问题(三)　//144

十三　复杂计数问题(三)　//160

十四　笨法解题　//191

编辑手记　//209

七 归纳构造法

归纳构造法是构造法的一种,而且是技巧性相当强的一种.由于构造法和归纳法都是数学竞赛中的重要方法,因此二者结合起来而产生的归纳构造法就更加强有力,有时甚至能达到出奇制胜的效果.无论在组合、数论、代数中都起着重要作用.

1. 试证任一有限集合的全部子集可以排成一列,使得其中任何两个相邻的子集都恰好相差1个元素.

(1972年波兰数学奥林匹克)

证 设有限集 S 共有 n 个元素,于是它共有 2^n 个不同的子集.我们关于集 S 的元数 n 使用数学归纳法来证明.

当 $n=1$ 时, S 只有1个元素,它共有两个不同子集: $A_1=\varnothing$, $A_2=S$. 显然,只要把二者排在一起就行了.

设 $n=k$ 时命题成立,当 $n=k+1$ 时.任取 $a\in S$,并考虑 $S'=S-\{a\}$. 显然 $|S'|=k$,于是由归纳假设知 S' 的所有不同子集可以排成一列

$$A_1, A_2, \cdots, A_{2^k},$$

使得其中任何两个相邻子集都恰相差1个元素.令 S 的所有不同子集排列如下:

$$A_1, A_2, \cdots, A_{2^k}, A_{2^k}\cup\{a\}, A_{2^k-1}\cup\{a\}, \cdots, A_1\cup\{a\},$$

则其中任何两个相邻子集都恰相差1元且这 2^{k+1} 个子集恰为 S 的全部不同子集.

2. 求证存在无穷多对相邻的自然数对 $\{n, n+1\}$，使得 n 和 $n+1$ 中每个数的每个质因子的幂指数都不小于2。（1984年城市邀请赛）

证 显然 $\{8, 9\}$ 是满足要求的一对。由于
$$289 = 17^2 = (8+9)^2,$$
$$288 = (8+9)^2 - 1 = (8+9-1)(8+9+1) = (2 \times 8)(2 \times 9)$$
$$= 4 \times 8 \times 9 = 2^5 \times 3^2,$$

所以 $\{288, 289\}$ 也是满足要求的一对。

设 $\{k, k+1\}$ 是具有这样性质的一对，则容易验证，数对
$$\{(2k+1)^2 - 1, (2k+1)^2\}$$
也具有这样的性质。实际上
$$(2k+1)^2 - 1 = 2k \cdot (2k+2) = 2^2 k(k+1).$$

因为 k 和 $k+1$ 的每个质因子的幂指数都不小于2，所以 $(2k+1)^2 - 1$ 的每个质因子的幂指数也都不小于2。

由数学归纳法知，有无穷多组这样的数对。

3. 设 n 为正偶数，求证可以在 n×n 方格表的每个方格中都填入 1，2，3 之一，使得每行每列的 n 个数求和时，以得到的 2n 个和数互不相同。 （1988年IMO候选题）

证 当 n=2 时，可以填数如右图所示，这时，右上图的4个和数为 2，3，4，5；右下图的4个和数为 3，4，5，6。两个数表都满足题中要求，然而4个和数都不全相同。

1	2
1	3

加强命题

1	3
2	3

下面用数学归纳法来证明如下的加强命题：对每个正偶数 n，都可以在 n×n 方格表的每个方格中填入 1，2，3 之一，使得表中 n 行和 n 列数分别求和所得的 2n 个和数分别为 n，n+1，⋯，3n-1。

设加强命题于 n=2k 时成立，往证当 n=2(k+1) 时命题成立。将 (2k+2)×(2k+2) 的方格表划出下面两行和右面两列并分别填数如图所示，此外，对于右图中空白的 2k×2k 方格，按归纳假设，可以填好表，使得所得之 4k 个和数分别为 2k，2k+1，⋯，6k-1。

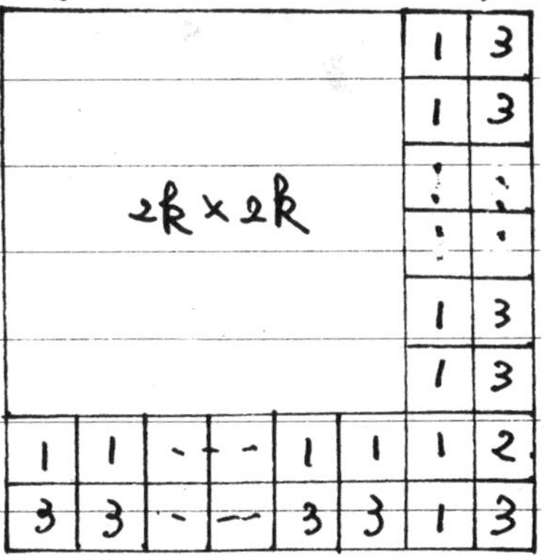

					1	3
					1	3
	2k×2k					
					1	3
					1	3
1	1	⋯	1	1	1	2
3	3	⋯	3	3	1	3

这样一来，在 (2k+2)×(2k+2) 方格表中所得的 4k+4 个和数恰好分别为 2k+2，2k+3，⋯，6k+4，6k+5。

这表明 n=2(k+1) 时，加强命题成立。所以加强命题对所有正偶数 n 成立，故原命题也成立。

4. 试证存在无穷多个自然数 n,满足如下条件:可以将集合 $S_n=\{1,2,\cdots,3n\}$ 划分成3个集合:
$$A=\{a_1,a_2,\cdots,a_n\}, B=\{b_1,b_2,\cdots,b_n\}, C=\{c_1,c_2,\cdots,c_n\}$$
使得
$$a_i+b_i=c_i, \quad i=1,2,\cdots,n. \quad (《华数3=》29页例11)$$

证 当 $n=1$ 时结论成立。设 $n=k$ 时结论成立,往证 $n=4k$ 时结论也成立。

设 $n=k$ 时将 $S_k=\{1,2,\cdots,3k\}$ 分成的3个集合是
$$A_k=\{a_1,a_2,\cdots,a_k\}, B_k=\{b_1,b_2,\cdots,b_k\}, C_k=\{c_1,c_2,\cdots,c_k\}.$$

当 $n=4k$ 时,令
$$\begin{cases} a'_{j+1}=6k-1-2j, \\ b'_{j+1}=6k+1+j, \\ c'_{j+1}=12k-j, \end{cases} j=0,1,2,\cdots,3k-1;$$

$$\begin{cases} a'_{3k+i}=2a_i, \\ b'_{3k+i}=2b_i, \\ c'_{3k+i}=2c_i, \end{cases} i=1,2,\cdots,k,$$

于是不难直接验证
$$a'_j+b'_j=c'_j, \quad j=1,2,\cdots,4k$$

且有
$$A_{4k}=\{a'_1,a'_2,\cdots,a'_{4k}\}=\{6k-1,6k-3,\cdots,1,2a_1,2a_2,\cdots,2a_k\},$$
$$B_{4k}=\{b'_1,b'_2,\cdots,b'_{4k}\}=\{6k+1,6k+2,\cdots,9k,2b_1,2b_2,\cdots,2b_k\},$$
$$C_{4k}=\{c'_1,c'_2,\cdots,c'_{4k}\}=\{12k,12k-1,\cdots,9k+1,2c_1,2c_2,\cdots,2c_k\}.$$

由归纳假设之$^\circ$
$$\{a_1, a_2, \cdots, a_k, b_1, b_2, \cdots, b_k, c_1, c_2, \cdots, c_k\} = \{1, 2, \cdots, 3k\},$$
从而
$$\{2a_1, 2a_2, \cdots, 2a_k, 2b_1, 2b_2, \cdots, 2b_k, 2c_1, 2c_2, \cdots, 2c_k\}$$
$$= \{2, 4, 6, \cdots, 6k\}.$$
从而有
$$A_{4k} \cup B_{4k} \cup C_{4k} = \{1, 2, \cdots, 12k\} = S_{4k}.$$
这表明 $n = 4k$ 时命题成立。可见，自然数 $n = 4^m$ ($m = 0, 1, 2, \cdots$) 都可以使命题成立，当然有无穷多个 n 使命题成立。

证2 显然，$n=1$ 时结论成立。设 $n=k$ 时结论成立，往证 $n=3k+1$ 时结论也成立。

对正整数 $3k+1$，将集合 $S_{3(3k+1)} = \{1, 2, \cdots, 3(3k+1)\}$ 划分成3个互不相交的集合 $A' = \{a'_1, a'_2, \cdots, a'_{3k+1}\}$, $B' = \{b'_1, b'_2, \cdots, b'_{3k+1}\}$, $C' = \{c'_1, c'_2, \cdots, c'_{3k+1}\}$, 其中
$$a'_i = 3a_i - 1, \; b'_i = 3b_i, \; c'_i = 3c_i - 1, \quad i = 1, 2, \cdots, k;$$
$$a'_{k+i} = 3a_i, \; b'_{k+i} = 3b_i + 1, \; c'_{k+i} = 3c_i + 1, \quad i = 1, 2, \cdots, k;$$
$$a'_{2k+i} = 3a_i + 1, \; b'_{2k+i} = 3b_i - 1, \; c'_{2k+i} = 3c_i, \quad i = 1, 2, \cdots, k;$$
$$a'_{3k+1} = 1, \; b'_{3k+1} = 9k + 2, \; c'_{3k+1} = 9k + 3.$$
容易验证，这样定义的 $\{a'_i\}, \{b'_i\}, \{c'_i\}$ 满足
$$a'_i + b'_i = c'_i, \quad i = 1, 2, \cdots, 3k+1.$$
故得到无穷多个正整数 $\{\frac{1}{2}(3^k - 1) \mid k = 1, 2, \cdots\}$ 满足题中要求。

5. 试证存在一个自然数的集合 X，使得对于任何 $n \in \mathbb{N}^*$，都存在唯一的一对元素 $a, b \in X$，满足 $a - b = n$。

(《华校$3=$》225页例6题)

证 显然，所求的集合 X 应为无穷集。设

$X_4 = \{1, 2, 4, 8\}$ $X = \{a_1, a_2, \cdots, a_{2n}, a_{2n+1}, \cdots\}$。

取 $a_1 = 1, a_2 = 2$。下面用归纳构造法证明：存在自然数的 $2n$ 元集合

$X_{2n} = \{a_1, a_2, \cdots, a_{2n-1}, a_{2n}\}$，$n \geq 3$

使得 $a_1 < a_2 < a_3 < \cdots < a_{2n}$，这 $2n$ 个自然数两两之差（大数减小数）都不相同且对每个 m，$1 \leq m \leq n$，都存在唯一的一对 $a, b \in X_{2n}$，满足 $a - b = m$。

显然 $n = 1$ 时这一 减弱命题 成立。设 $n = k$ 时命题成立，则当 $n = k+1$ 时，可取

$a_{2k+1} = 2a_{2k}$，$a_{2k+2} = a_{2k+1} + b_k$，

其中 b_k 为不能用 X_{2k} 中两数之差表示的最小自然数。显然有 $b_k \geq k+1$。容易看出，两个新元素 a_{2k+1} 和 a_{2k+2} 与前 $2k$ 个元素中任一元素之差都不小于 a_{2k}，当然更大于 X_{2k} 中任何两个元素之差。所以 $X_{2k} \cup \{a_{2k+1}, a_{2k+2}\} = X_{2k+2}$ 满足下列条件：

(i) $a_1 < a_2 < \cdots < a_{2k} < a_{2k+1} < a_{2k+2}$；

(ii) 两两之差互不相等；

(iii) 对于每个 m，$1 \leq m \leq k+1$，都存在 $a, b \in X_{2k+2}$，使得 $a - b = m$。

再由数学归纳法知，上述的减弱命题对所有 $n \in \mathbb{N}^*$ 都成立。容易看出，$\bigcup_{n=1}^{\infty} X_{2n} = \{a_1, a_2, \cdots, a_{2n+1}, a_{2n+2}, \cdots\}$ 满足题中要求。

注1 集合 $\{1,2,4,8,\cdots,2^n,\cdots\}$ 不满足题中要求,因其中奇数值太少而偶数值多.

注2 这无穷多个 X_{2n} 后一个包含前一个,但其中没有最大的,所以要取并集.

注3 以造集合之前8个数为例
$\{1,2,4,8,16,21,42,51,\cdots\}$.

6. 试证 2 的四十次整数次幂都有一个倍数，使其各位数字均不为 0（十进制）。　　（1990 年集训队选拔考试《数论》P1.7）

证 1　用归纳构造法来证明如下的加强命题：对任意 $k \in \mathbb{N}^*$，都存在一个仅含数字 1 和 2 的一个 k 位倍数 n_k，使得 $2^k \mid n_k$。

当 $k=1$ 时，取 $n_1 = 2$ 即可。

设命题对 $k=m$ 时成立，即存在 m 位数字都是 1 或 2 的 m 位数 n_m，使得 $2^m \mid n_m$。设

$$n_m = 2^m q,$$

即 q 为 n_m 除以 2^m 的商，当然 q 是自然数。当 $k=m+1$ 时，考察下列两个自然数：

$$\begin{cases} n_m + 10^m = 2^m(q + 5^m), \\ n_m + 2\times 10^m = 2^m(q + 2\times 5^m). \end{cases}$$

显然，当 q 为奇数时，$2^{m+1} \mid n_m + 10^m$；当 q 为偶数时，$2^{m+1} \mid n_m + 2\times 10^m$。易见，取此两个数中能被 2^{m+1} 整除的一个为 n_{m+1} 即可。

实际上，n_{m+1} 相当于在 n_m 的各位数字左方添当地加 1 或 2，它的各位数字当然也都是 1 和 2，即命题对 $k=m+1$ 时成立。从而加强命题对所有 $k \in \mathbb{N}^*$ 都成立，当然原命题也是如此。

注　析查证明过程可知，不仅将 n_k 加强为由数字 1 和 2 组成之 k 位数，只须加强为各位数字均不为 0 的 k 位数就可以了。

证 2　首先约定，某数的第 k 位数字是指从右向左数的第 k

位数字.

对 $k\in N^*$, 记 $n_1=2^k$. 由于 $5\nmid 2^k$, 故 n_1 的个位数字即第1位数字不是0. 若 n_1 的各位数字均不为0, 则本题结论成立. 否则, 设 n_1 的前 $m-1$ 位数字都不为0, 而第 m 位数字为 0 ($m\geq 2$). 令

$$n_2=(1+10^{m-1})2^k=(1+10^{m-1})n_1,$$

则 n_2 的前 m 位数字均不为0. 如果需要, 可对 n_2 再作类似的处理. 显然, 每次至少增加一个非0数字, 故经过有限次后, 总能得到一个 2^k 的倍数 n_S, 它的前 k 位数字均不为0. 设 n_S 有 $\ell > k$ 位数字, 我们令

$$n_S = m\cdot 10^k + n,$$

其中 n 为一个 k 位的自然数. 这就是把 n_S 的前 k 位与后 $\ell-k$ 位数字拆开写成两数之和. 因为

$$2^k \mid n_S, \quad 2^k \mid m\cdot 10^k,$$

所以 $2^k \mid n$ 且 n 的各位数字均为不0. 当然满足题中要求.

7. 试证对任何正整数 $n \geq 2$，都存在 n 个不同正整数 $a_1, a_2, \cdots, a_n$，使得
$$a_j - a_i \mid a_j + a_i, \quad 1 \leq i < j \leq n. \quad \text{①}$$

(《华校考二》29页例12)

证 当 $n=2$ 时，取 $a_1=1, a_2=2$ 即可。

设 $n=k$ 时命题成立，即存在 k 个正整数 $a_1 < a_2 < \cdots < a_k$ 满足①。当 $n=k+1$ 时，可将 0 加入到 $\{a_1, a_2, \cdots, a_k\}$ 中而得到的 $k+1$ 个数互不相同且满足①式。唯一不足之处在于 0 不是正整数。为了弥补这一缺欠，我们注意到差是平移不变的，然而和却不是平移不变的。为使①式在平移之后仍然成立，应使平移的数 p_k 能被所有 a_j ($j=1,2,\cdots,k$) 和 $a_j - a_i$ ($1 \leq i < j \leq k$) 整除。显然，这只要取 $p_k = a_k!$ 即可。

令
$$b_1 = a_k!, \quad b_j = a_k! + a_{j-1}, \quad j=2,3,\cdots,k+1, \quad \text{②}$$
于是这 $k+1$ 个数 $\{b_1, b_2, \cdots, b_{k+1}\}$ 互不相同且满足①式。

实际上，这时由②有
$$b_j - b_1 = a_{j-1} \mid 2a_k! + a_{j-1} = a_k! + (a_k! + a_{j-1}) = b_1 + b_j,$$
$$j=2,3,\cdots,k+1;$$
$$b_j - b_i = a_{j-1} - a_{i-1} \mid a_{j-1} + a_{i-1} + 2a_k! = b_j + b_i,$$
$$2 \leq i < j \leq k+1.$$

即命题对于 $n=k+1$ 时成立。由数学归纳法知命题对所有 $n \geq 2$ 都成立。

8. 求证存在无穷多个由1983个相继自然数组成的集合，使得其中每个数都可被形如 a^{1983} 的某个数的整除，其中 $a \in \mathbb{N}^*, a > 1$.

证 我们来证明更一般的结果：存在无穷多个由 n 个相继自然数组成的集合，使得其中每个数都可被形如 a^m 的某个数的整除，其中 $n, m, a \in \mathbb{N}^*, a > 1$.

当 $n = 1$ 时，显然 $\{a^m\}$ $(a>1)$ 即满足要求。由 $a \in \mathbb{N}^*, a>1$ 的任意性知，当然有无穷多个。

设当 $n = k$ 时命题成立，即存在 k 个相继的自然数 $n_1, n_2, \cdots, n_k$ 和 k 个都大于1的自然数 $a_1, a_2, \cdots, a_k$，使得
$$a_j^m \mid n_j, \quad j = 1, 2, \cdots, k.$$

【数学归纳法】

令
$$\ell = (a_1 a_2 \cdots a_k)^m, \quad h = (n_k+1)[(\ell+1)^m - 1],$$
则
$$a_j^m \mid (\ell+1)^m - 1, \quad j = 1, 2, \cdots, k.$$
$$a_j^m \mid h, \quad j = 1, 2, \cdots, k.$$
$$a_j^m \mid h + n_j, \quad j = 1, 2, \cdots, k.$$

又因
$$h + n_k + 1 = (n_k+1)(\ell+1)^m,$$
当然能被 $(\ell+1)^m$ 整除。由于归纳开始时的 $\{a^m\}$ 有无穷多个，所以 $n = k$ 时也有无穷多个。故当 $n = k+1$ 时，$\{h+n_1, h+n_2, \cdots, h+n_k, h+n_k+1\}$ 这样的集合也有无穷多个。

证2 取1983个质数 $p_1, p_2, \ldots, p_{1983}$，并考察同余方程组

$$\begin{cases} x \equiv -1 \pmod{p_1^{1983}}, \\ x \equiv -2 \pmod{p_2^{1983}}, \\ x \equiv -3 \pmod{p_3^{1983}}, \\ \quad \vdots \\ x \equiv -1983 \pmod{p_{1983}^{1983}}. \end{cases}$$

由中国剩余定理知，有解 $x \in \mathbb{N}$，于是

$$x+1, x+2, \ldots, x+1983$$

这1983个相继自然数便满足题中要求。由于解 x 有无穷多个，所以满足要求的数组也有无穷多个。

注 这个证法是非构造性的。

9. 给定 $(3n+1)\times(3n+1)$ 的方格纸 ($n\in N^*$),试证任意剪去1个方格后,余下的纸片可以全部剪成形如 ▢ 的纸片.

（1992年中国集训队选拔考试）

证 (1) 当 $n=1$ 时,$3n+1=4$. 不妨设剪去的1个方格在左上角的 2×2 正方形中,于是可将 4×4 方格纸余下部分剪成如图所示. 可见,$n=1$ 时结论成立.

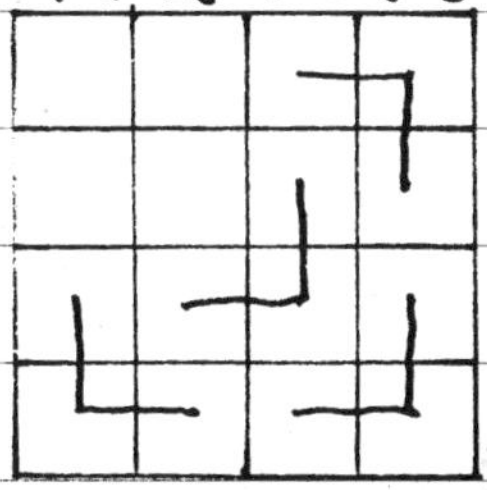

当 $n=2$ 时,$3n+1=7$. 由对称性知可设剪掉的1个方格位于左上角 4×4 正方形的主对角线及以上及以左边的10个方格之中. 于是只要分别考察下列3种情形:(i) 去掉的方格位于左上角的 2×2 正方形中;(ii) 去掉的方格位于第1、2行与第3、4列相交所成的 2×2 正方形中;(iii) 去掉的方格位于第3、4行与第3、4列相交所成的 2×2 正方形中. 对于3种情形,可分别划分如下图所示:

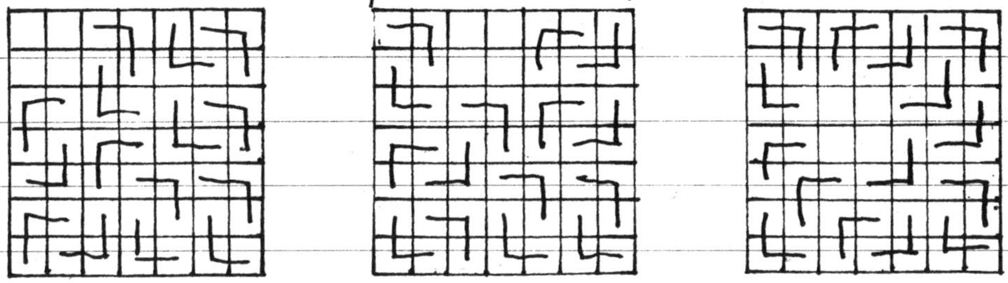

可见,$n=2$ 时结论也成立.

当 $n=3$ 时,$3n+1=10$. 不妨设去掉的1个方格位于左上角的 7×7 正方形中. 于是由上面证明知,左上角的 $7\times 7-1$ 个方格可以剪成满足要求的小块. 而其余部分可划分如下图:

可见，$n=3$ 时结论也成立.

(2) 为完成归纳过渡，我们先给出如下引理：

引理 对任何 $n \geq 2$，$6 \times n$ 的方格纸都可以剪成 $2n$ 块形如 ⊞ 的纸片.

因为 6×2 的矩形可分解成两块 3×2 的矩形，而 6×3 的矩形可分解成 3 块 2×3 的矩形，故由归纳法易知引理成立.

(3) 对任何 $n \geq 4$，$(3n+1) \times (3n+1)$ 可以被分别位于 4 角的 4 个 $(3n-5) \times (3n-5)$ 的正方形所覆盖，故不设去掉的 1 个正方形都位于左上角的 $(3n-5) \times (3n-5)$ 的正方形中，由归纳假设知它可以作出满足题中要求的分划，而其余部分可分解成 $(3n-5) \times 6$ 和 $(3n+1) \times 6$ 两个矩形，由引理知两者均可分划成若干块形如 ⊞ 的纸片. 这就完成了归纳证明.

接右页 10 题后：若将 n 取为无穷多个，同样题目的结论是否仍然成立？

答案是否定的. 如果存在，则之间的面积都相等且是同一个正整数，即这个正整数有无穷多种互不相同的方法可以分解为两个正整数之积，这是不可能的.

(2012.7.6)

10. 试证对任意 $n \in \mathbb{N}^*$，都存在 n 个形状不同但面积相等且边长都是整数的直角三角形。

证 当 $n=1$ 时，$a=3, b=4, c=5$ 便满足题中要求。

设 $n=k$ 时结论成立，即有 $\{a_i, b_i, c_i\}, i=1,2,\cdots,k$ 满足
$$a_i^2 + b_i^2 = c_i^2, i=1,2,\cdots,k; \quad a_i b_i = a_j b_j, 1 \le i < j \le k.$$

当 $n=k+1$ 时，令
$$a_1' = (a_1^2 - b_1^2)^2, \quad b_1' = 4a_1 b_1 c_1^2, \quad c_1' = a_1^4 + 6a_1^2 b_1^2 + b_1^4$$
$$= c_1^4 - 4a_1^2 b_1^2 \qquad\qquad\qquad\qquad = c_1^4 + 4a_1^2 b_1^2$$

$$\begin{cases} a_{j+1}' = (a_1^2 - b_1^2) 2 c_1 a_j, \\ b_{j+1}' = (a_1^2 - b_1^2) 2 c_1 b_j, \\ c_{j+1}' = (a_1^2 - b_1^2) 2 c_1 c_j, \end{cases} j=1,2,\cdots,k,$$

则分别以 $\{a_j', b_j', c_j'\}$ 为三边长的 $k+1$ 个直角三角形便满足题中要求。事实上，对 $j=2,3,\cdots,k+1$，结论是显然的，只须再验证 $\{a_1', b_1', c_1'\}$ 满足要求。又因 $a_1' b_1' = (a_1^2 - b_1^2)^2 \cdot 4a_1 b_1 c_1^2 = a_2' b_2'$，故又只须再验证勾股定理的关系式。这时有

$$a_1'^2 + b_1'^2 = (a_1^2 - b_1^2)^4 + 16 a_1^2 b_1^2 c_1^4$$
$$= a_1^8 - 4a_1^6 b_1^2 + 6a_1^4 b_1^4 - 4a_1^2 b_1^6 + b_1^8 + 16 a_1^2 b_1^2 c_1^4$$
$$= a_1^8 + b_1^8 - 4a_1^2 b_1^2 (a_1^2 + b_1^2)^2 + 14 a_1^4 b_1^4 + 16 a_1^2 b_1^2 c_1^4$$
$$= a_1^8 + b_1^8 + 2 a_1^4 b_1^4 + 12 a_1^4 b_1^4 + 12 a_1^2 b_1^2 (a_1^2 + b_1^2)^2$$
$$= a_1^8 + b_1^8 + 2 a_1^4 b_1^4 + 36 a_1^4 b_1^4 + 12 a_1^6 b_1^2 + 12 a_1^2 b_1^6$$
$$= (a_1^4 + 6a_1^2 b_1^2 + b_1^4)^2 = c_1'^2.$$

(下接右页下部)

11. 边长和面积都是整数的三角形称为海伦三角形. 试证存在无穷多个边长没有公约数的海伦三角形, 使其面积为完全平方数.

(北大《竞赛篇》109页例11)

证 递推地定义如下正平方数的数列:

$$a_1 = 9, \quad a_{n+1} = (2a_n-1)^2, \quad n=1,2,\cdots.$$

则不仅 a_n 为完全平方数, 而且 $2a_n-2$ 也是完全平方数.

事实上, 当 $n=1$ 时, $2a_1-2 = 16 = 4^2$. 当 $2a_k-2$ 为完全平方数时, 按定义有

$$2a_{k+1}-2 = 2(2a_k-1)^2 - 2 = 8a_k^2 - 8a_k + 2 - 2$$
$$= 4a_k(2a_k-2).$$

上式右端3个因子都是完全平方数, 故左端亦然.

考察如下的三数组:

$$A_n = a_{n+1}, \quad B_n = (a_n-1)a_{n+1}+1, \quad C_n = a_n a_{n+1}-1.$$

因为 $A_n < B_n < C_n$, $C_n - B_n = a_{n+1}-2$ 且 a_{n+1} 为奇数, 所以 A_n 与 $C_n - B_n$ 为两个连续奇数, 当然互质. 从而 $(A_n, B_n, C_n)=1$, 即没有质因子. 又因

$$A_n + B_n = a_n a_{n+1} + 1 > C_n,$$

所以, 以 A_n, B_n, C_n 为3边长可以作三角形. 这时三角形的半周长为

$$p = \frac{1}{2}(A_n+B_n+C_n) = a_n a_{n+1}.$$

于是

$$p - A_n = (a_n-1)a_{n+1}, \quad p - B_n = a_{n+1}-1,$$
$$p - C_n = 1,$$

所以，以此作三角形的面积为
$$S_n = \sqrt{a_n a_{n+1}(a_n-1)a_{n+1}(a_{n+1}-1)}$$
$$= a_{n+1}\sqrt{a_n(a_n-1)((2a_n-1)^2-1)}$$
$$= a_{n+1}\sqrt{a_n(a_n-1)(4a_n^2-4a_n)} = a_n a_{n+1}(2a_n-2).$$

由开头论证可知，S_n 为完全平方数，$n=1,2,\cdots$.

12. 求证存在无穷多组正整数对 (x,y)，使得 $x\mid y^2+1$，$y\mid x^3+1$.

证 显然，$(x_0, y_0)=(1,1)$ 是一组满足题中要求的正整数. 下面用归纳构造法来证明. 设 (x_k, y_k) 满足要求，即有 $m, n \in \mathbb{N}^*$，使得 $mx_k = y_k^2+1$，$ny_k = x_k^3+1$. 记 $(x_k, y_k) = d$，于是
$$d\mid mx_k, \quad d\mid y_k^2+1.$$
又因 $d\mid y_k^2$，所以 $d=1$，即 x_k 与 y_k 互质.

(1) 若 $x_k \geq y_k$，则令
$$(x_{k+1}, y_{k+1}) = \left(x_k, \frac{x_k^3+1}{y_k}\right). \qquad ①$$

于是

(i) $y_{k+1} = \dfrac{x_k^3+1}{y_k} > \dfrac{x_k^3}{y_k} \geq x_k^2 > y_k$. ②

(ii) 由①有
$$y_{k+1}^2+1 = \frac{x_k^6+2x_k^3+1}{y_k^2}+1 = \frac{x_k^6+2x_k^3+y_k^2+1}{y_k^2} \qquad ③$$

由归纳假设 $x_k\mid y_k^2+1$，所以 $x_k\mid (x_k^6+2x_k^3+y_k^2+1)$. 又因 $(x_k, y_k)=1$，所以 $x_k\mid y_{k+1}^2+1$，即 $x_{k+1}\mid y_{k+1}^2+1$.

(iii) 由①有 $y_{k+1} y_k = x_k^3+1 = x_{k+1}^3+1$，从而有 $y_{k+1}\mid x_{k+1}^3+1$. 这就验证了 (x_{k+1}, y_{k+1}) 满足题中要求.

(2) 若 $x_k < y_k$，则令
$$(x_{k+1}, y_{k+1}) = \left(\frac{y_k^2+1}{x_k}, y_k\right). \qquad ④$$

于是

(i) $x_{k+1} = \dfrac{y_k^2+1}{x_k} > \dfrac{y_k^2}{x_k} > y_k > x_k$.

(ii) 由④有

$$x_{k+1}^3 + 1 = \left(\dfrac{y_k^2+1}{x_k}\right)^3 + 1 = \dfrac{y_k^6 + 3y_k^4 + 3y_k^2 + 1 + x_k^3}{x_k^3}.$$

由归纳假设 $y_k \mid x_k^3 + 1$, 所以 $y_k \mid (y_k^6 + 3y_k^4 + 3y_k^2 + x_k^3 + 1)$. 又因 $(x_k, y_k) = 1$, 所以 $y_k \mid x_{k+1}^3 + 1$, $y_{k+1} \mid x_{k+1}^3 + 1$.

(iii) 由④有 $x_k x_{k+1} = y_k^2 + 1 = y_{k+1}^2 + 1$, 所以 $x_{k+1} \mid y_{k+1}^2 + 1$.

这就验证了由④定义的 (x_{k+1}, y_{k+1}) 满足题中要求.

综上, 由归纳法知, 存在无穷多组 (x_n, y_n), $n = 1, 2, \cdots$, 满足题中要求.

13. 求证存在无穷多个正整数 n，使得 $n | 2^n + 2$。

《华枝之二》28页例10

证 先从 $n = 1, 2, 3, 4, 5, \cdots$ 等简单情况入手，有
$$1 | 2^1 + 2, \ 2 | 2^2 + 2, \ 3 \nmid 2^3 + 2, \ 4 \nmid 2^4 + 2, \ 5 \nmid 2^5 + 2,$$
$$6 | 2^6 + 2, \ 7 \nmid 2^7 + 2, \ 8 \nmid 2^8 + 2, \ 9 \nmid 2^9 + 2, \ 10 \nmid 2^{10} + 2.$$

可见，在前10个自然数中，只有1、2、6满足题中要求。我们还注意到 $2^2 + 2 = 6$，这给出了2和6的关系。但是，是特例还是一般关系，可以试一试 $2^6 + 2 = 66$ 是否满足题中要求。由于
$$2^{11} = 2048 \equiv 2 \pmod{11}, \quad 2^{11} = 2048 \equiv 2 \pmod{6},$$
所以
$$2^{66} + 2 = (2^{11})^6 + 2 \equiv 2^6 + 2 = 66 \equiv 0 \begin{array}{l}(\bmod 6),\\ (\bmod 11).\end{array}$$

又因 $(6, 11) = 1$，所以
$$66 | 2^{66} + 2,$$

即 $n = 66$ 满足题中要求。由此可以猜测，当 $a_1 = 2, a_2 = 6, a_3 = 66$，
$$a_{k+1} = 2^{a_k} + 2, \ k = 3, 4, 5, \cdots \quad ①$$

时，$\{a_k\}$ 都满足题中要求。下面用数学归纳法来证明这一命题：
$$a_k | 2^{a_k} + 2, \quad ②$$

为此，还要证明一个伴随命题：
$$a_k - 1 | 2^{a_k} + 1. \quad ③$$

显然，$k = 1, 2$ 时，②和③都成立。设 $k = m$ 时②和③都成立，即有
$$a_m | 2^{a_m} + 2, \quad a_m - 1 | 2^{a_m} + 1. \quad ④$$

当 $k=m+1$ 时,因为 a_m-1 为奇数, $2^{a_m}+1$ 也是奇数,故二者之商也是奇数.从而由④之第2式即得(奇次幂的因式分解)

$$2^{a_m-1}+1 \mid 2^{2^{a_m}+1}+1$$

$$2^{a_m}+2 = 2(2^{a_m-1}+1) \mid 2(2^{2^{a_m}+1}+1) = 2^{2^{a_m}+2}+2,$$

即有

$$a_{m+1} \mid 2^{a_{m+1}}+2.$$

另一方面,因为 a_m 是偶数, $2^{a_m}+2$ 是2的倍数但不是4的倍数,则此二者之商为奇数,从而有

$$2^{a_m}+1 \mid 2^{2^{a_m}+2}+1,$$

即有

$$a_{m+1}-1 \mid 2^{a_{m+1}}+1.$$

这就证明了④式对 $k=m+1$ 成立.由归纳法知①和②对所有 $k \in N^*$ 都成立.这样的 a_k 当然有无穷多个.

14. 求证存在无穷多个自然数 n, 使得可将 $\{1, 2, \cdots, 3n\}$ 列成数表
$$a_1, a_2, \cdots, a_n,$$
$$b_1, b_2, \cdots, b_n,$$
$$c_1, c_2, \cdots, c_n$$

满足下列两个条件:

(i) $a_1+b_1+c_1 = a_2+b_2+c_2 = \cdots = a_n+b_n+c_n$ 且为 6 的倍数;

(ii) $a_1+a_2+\cdots+a_n = b_1+b_2+\cdots+b_n = c_1+c_2+\cdots+c_n$ 且为 6 的倍数.

(1997 年中国数学奥林匹克 3 题)

证 1 将满足题中要求的所有自然数 n 构成的集合记为 S. 设 $n \in S$, 于是由 (i) 和 (ii) 知存在 $s, t \in \mathbb{N}^*$, 使得

$$\tfrac{1}{2}3n(3n+1) = 6sn, \qquad \tfrac{1}{2}3n(3n+1) = 18t.$$
$$3n+1 = 4s, \qquad n(3n+1) = 12t,$$
$$n \equiv 1 \pmod{4}, \qquad n \equiv 0 \pmod{3}.$$
$$n = 12k+9, \quad k = 0, 1, 2, \cdots.$$

先看 $n = 9$ 的情形. 这时有

$$\begin{pmatrix} 1 & 2 & 3 \\ 2 & 3 & 1 \\ 3 & 1 & 2 \end{pmatrix} + \begin{pmatrix} 0 & 6 & 3 \\ 3 & 0 & 6 \\ 6 & 3 & 0 \end{pmatrix} = \begin{pmatrix} 1 & 8 & 6 \\ 5 & 3 & 7 \\ 9 & 4 & 2 \end{pmatrix} = A_3.$$

易见, A_3 的行和与列和都是 15 并且 9 个元素恰为 $1, 2, \cdots, 9$. 记

$$\alpha(3) = (1, 8, 6), \quad \beta(3) = (5, 3, 7), \quad \gamma(3) = (9, 4, 2).$$

再令

$$A_9 = \begin{pmatrix} \alpha(3) & \beta(3)+18 & \gamma(3)+9 \\ \beta(3)+9 & \gamma(3) & \alpha(3)+18 \\ \gamma(3)+18 & \alpha(3)+9 & \beta(3) \end{pmatrix}$$

$$= \begin{pmatrix} 1, 8, 6, 23, 21, 25, 18, 13, 11 \\ 14, 12, 16, 9, 4, 2, 19, 26, 24 \\ 27, 22, 20, 10, 17, 15, 5, 3, 7 \end{pmatrix}.$$

容易验证，A_9 的 27 个元素恰为 $1, 2, \cdots, 27$，每列 3 数之和都是 $15+9+18 = 42$，每行之和都是 $3 \times (15+9+18) = 126$，所以 $9 \in S$。

设 $m \in S$，往证 $9m \in S$。因为 $m \in S$，故可将 $1, 2, \cdots, 3m$ 排成 $3 \times m$ 的数表 A_m，使得每列之和均为 $6u$，每行之和都是 $6v$，其中 $u, v \in \mathbb{N}^*$。将 A_m 的 3 行分别记为 $\alpha(m), \beta(m), \gamma(m)$，并构造 A_{3m} 如下：

$$A_{3m} = \begin{pmatrix} \alpha(m), & \beta(m)+6m, & \gamma(m)+3m \\ \beta(m)+3m, & \gamma(m), & \alpha(m)+6m \\ \gamma(m)+6m, & \alpha(m)+3m, & \beta(m) \end{pmatrix}.$$

其中 $\beta(m)+3m$ 表示将 $\beta(m)$ 中的每个元素都加上 $3m$，其他记号类似。易见，A_{3m} 中的 $9m$ 个元素恰为 $1, 2, \cdots, 9m$ 且每列之和都是 $6u+9m$，每行之和都是 $18v+9m^2$。

将 A_{3m} 的 3 行分别记为 $\alpha(3m), \beta(3m), \gamma(3m)$，并构造 $3 \times 9m$ 的数表 A_{9m} 如下：

$$A_{9m} = \begin{pmatrix} \alpha(3m), & \beta(3m)+18m, & \gamma(3m)+9m \\ \beta(3m)+9m, & \gamma(3m), & \alpha(3m)+18m \\ \gamma(3m)+18m, & \alpha(3m)+9m, & \beta(3m) \end{pmatrix}.$$

易见，A_{9m} 的 $27m$ 个元素恰为 $1, 2, \cdots, 27m$，且每列之和都是 $6u+36m$，每行之和都是 $3(18v+9m^2)+3m(18m+9m) = 54v+108m^2$，二者都是 6 的倍数，故 $9m \in S$。由数学归纳法知 $\{9^k \mid k \in \mathbb{N}^*\} \subseteq S$，所以 S 为无穷集合。

证2 首先证明一个减弱命题：对于 $n = 3^k$, $k \in \mathbb{N}^*$，$\{1,2,\cdots,3n\}$ 可以排成 3×3^k 的数表，使得所有列和都相等，所有行和也都相等（但不一定是 6 的倍数）。

当 $k=1$ 时，$n=3$，这时的 3×3 数表可取为 3 阶幻方
$$\begin{pmatrix} 6 & 7 & 2 \\ 1 & 5 & 9 \\ 8 & 3 & 4 \end{pmatrix}.$$

设 $n = 3^k$ 时成立，即有
$$\begin{pmatrix} a_1, a_2, \cdots, a_{3^k} \\ b_1, b_2, \cdots, b_{3^k} \\ c_1, c_2, \cdots, c_{3^k} \end{pmatrix} = A_{3^k}$$

满足命题要求，于是当 $n = 3^{k+1}$ 时，可令 $A_{3^{k+1}}$ 为

$$\begin{pmatrix} a_1 \cdots a_{3^k} & a_1+3\times 3^k \cdots a_{3^k}+3\times 3^k & a_1+6\times 3^k \cdots a_{3^k}+6\times 3^k \\ b_1+3\times 3^k \cdots b_{3^k}+3\times 3^k & b_1+6\times 3^k \cdots b_{3^k}+6\times 3^k & b_1 \cdots b_{3^k} \\ c_1+6\times 3^k \cdots c_{3^k}+6\times 3^k & c_1 \cdots c_{3^k} & c_1+3\times 3^k \cdots c_{3^k}+3\times 3^k \end{pmatrix}$$

容易验证，所有列和都相等，所有行和也都相等且表中的 3^{k+2} 个数恰为 $1,2,\cdots,9\times 3^k$。即命题对于 $n = 3^{k+1}$ 时也成立。

另一方面，当 $n = 3^k$ 时，A_{3^k} 的行和与列和分别为
$$\frac{1}{2} 3^k (3^{k+1}+1), \quad \frac{3}{2}(3^{k+1}+1).$$

当且仅当 k 为偶数时，$4 \mid 3^{k+1}+1$，这时上面两数都是 6 的倍数。所以当 $n = 9^k$ ($k \in \mathbb{N}^*$) 时，$\{1,2,\cdots,3n\}$ 可以写成满足题中要求的 $3\times n$ 数表。这样的 n 当然有无穷多个。

15. 设 $P(x)$ 为多项式，并称 $P(b)-P(a)$ 为 $P(x)$ 在区间 $[a,b]$ 上的增量。试证能将区间 $[0,1]$ 划分成若干个黑白相间的小区间，使得任意2次多项式 $P(x)$ 在所有黑色小区间上的增量之和等于在所有白色小区间上的增量之和。对于5次多项式，同样的（1995年中国集训队选拔考试6题）结论是否成立？

解 我们证明如下的更一般的命题：设 ℓ 为正实数，n 为正整数。于是可以将区间 $[0, 2^n\ell]$ 划分成若干个黑白相间的小区间，使得任何一个不超过 n 次的多项式在所有黑色小区间上的增量之和等于在所有白色小区间上的增量之和。

我们用归纳构造法来证明这一加强命题。

(1) 当 $n=1$ 时，可将 $[0, 2\ell]$ 分成黑色子区间 $[0,\ell]$ 和白色子区间 $[\ell, 2\ell]$ 即可。

(2) 设 $n=k$ 时命题成立。这时分别用 B_k 和 W_k 来表示将 $[0, 2^k\ell]$ 划分成的所有黑色子区间的集合与所有白色子区间的集合。对于黑子区间 $b \in B_k$ 和白子区间 $w \in W_k$，我们分别用 $\Delta_b f$ 和 $\Delta_w f$ 表示多项式 f 在 b 和 w 上的增量。

对于任意一个不超过 $k+1$ 次的多项式 $f(x)$，令
$$g(x) = f(x + 2^k\ell),$$
$$\varphi(x) = f(x) - g(x),$$ ①

于是 $\varphi(x)$ 是不超过 k 次的多项式。由归纳假设有区间 $[0, 2^k\ell]$ 的一个分划，使得
$$\sum_{b \in B_k} \Delta_b \varphi = \sum_{w \in W_k} \Delta_w \varphi.$$ ②

由①和②有

$$\sum_{b\in B_R}\Delta_b f + \sum_{w\in W_R}\Delta_w g = \sum_{w\in W_R}\Delta_w f + \sum_{b\in B_R}\Delta_b g.\qquad ③$$

(3) 对于任何一个区间a，将之平移一段距离c后得到的区间记为$a+c$. 对于区间族A，平移c后所得到的区间族记为$A+c$. 令

$$\widetilde{B}_{R+1} = B_R \cup (W_R + 2^R\ell),\quad \widetilde{W}_{R+1} = W_R \cup (B_R + 2^R\ell),$$

于是$\widetilde{B}_{R+1}$和$\widetilde{W}_{R+1}$构成区间$[0, 2^{R+1}\ell]$的一个分划，并且由式变成

$$\sum_{b\in \widetilde{B}_{R+1}}\Delta_b f = \sum_{w\in \widetilde{W}_{R+1}}\Delta_w f.$$

注意，这时由$\{\widetilde{B}_{R+1}, \widetilde{W}_{R+1}\}$构成的黑白子区间的分划可能不是黑白相间的，即在区间中某处可能出现同色区间相邻的情况。但是，如果出现这种情况，只要把两个区间合并成一个区间就可以了。把修改（也可能不改）之后的区间族分别记为B_{R+1}和W_{R+1}，便有

$$\sum_{b\in B_{R+1}}\Delta_b f = \sum_{w\in W_{R+1}}\Delta_w f.$$

加强命题证毕.

在命题中分别取$R=2$、5并取$\ell = \frac{1}{2^R}$，便知原命题成立.

16. 设 $S=\{1,2,\cdots,20\}$，是否总能从 S 的任一个 10 元子集中取出 4 个不同的数，使得其中两数之差等于另两数之差？

(《组合卷》2.39题，1980年基辅数学奥林匹克)

解 若不然，则存在 S 的一个 10 元子集 $\{a_1, a_2, \cdots, a_{10}\}$，其中 $a_1 < a_2 < \cdots < a_{10}$ 且任何 4 数都不能使两数之差等于另两数之差。于是两组差数

$$\{a_2-a_1, a_4-a_3, a_6-a_5, a_8-a_7, a_{10}-a_9\}$$
$$\{a_3-a_2, a_5-a_4, a_7-a_6, a_9-a_8\}$$

都互不相同。因而有

$$(a_2-a_1)+(a_4-a_3)+(a_6-a_5)+(a_8-a_7)+(a_{10}-a_9) \geq 15,$$
$$(a_3-a_2)+(a_5-a_4)+(a_7-a_6)+(a_9-a_8) \geq 10.$$

两式相加即得

$$20 \geq a_{10}-a_1 = \sum_{i=1}^{9}(a_{i+1}-a_i) \geq 25,$$

矛盾。

解 2 我们来解一个等价问题，即是否能从 S 的任一 10 元子集中取出 4 个不同的数，使得两数之和等于另两数之和？

一方面，设 m 为 S 中两数之和，则 $3 \leq m \leq 39$，共 37 个不同值。另一方面，S 的 10 元子集中可产生 $C_{10}^2 = 45$ 个数对，导致 45 个和数。由抽屉原理知其中必有两个和数相等。即两对数中至少有一个数不同，从而另一个也不同，而且不会作为二元子集相同，即此 4 个数 2 2 不相同且和数相等。进而两数之差等于另两数之差。

17. 能否将自然数 $1, 2, \cdots, n$ 排成一行,使得其中任何两数之和的一半都不等于这两个数之间的任何一个数?

(1974年全苏数学奥林匹克竞赛改编)

解 当 $n=2$ 时,只要把两数排成 $1, 2$ 或 $2, 1$ 都可以,所以 $n=2$ 时结论成立.

设 $n=2^k$ 时已按要求排好为

$$a_1, a_2, \cdots, a_{2^k},$$

则当 $n=2^{k+1}$ 时,可以将 $1, 2, \cdots, 2^{k+1}$ 排成

$$2a_1, 2a_2, \cdots, 2a_{2^k}, 2a_1-1, 2a_2-1, \cdots, 2a_{2^k}-1.$$

由归纳假设知前 2^k 个数与后 2^k 个数都满足题中要求,而当两个数在前后半段中各 1 个时,和为奇数,除以 2 不是整数,当然满足题中要求. 由归纳法知,对所有 $n=2^k$,$k=1,2,\cdots$,命题的答案都是肯定的.

对任何一个不是 2 的幂的自然数 n,总有自然数 k_0,使得 $2^{k_0} < n < 2^{k_0+1}$. 由上面证明知自然数 $1, 2, \cdots, 2^{k_0+1}$ 可以排成一行满足要求. 然后将其中大于 n 的数去掉并按原序剩下的排成一行,显然,这一行排列当然满足题中要求.

综上可知,对所有 n,命题的答案都是肯定的.

18. 设 n 为正整数,$S_n = \{(a_1, a_2, \cdots, a_{2^n}) \mid a_i \in \{0,1\}, i = 1, 2, \cdots, 2^n\}$,对于 S_n 中任意两个元素 $a = (a_1, a_2, \cdots, a_{2^n})$ 和 $b = (b_1, b_2, \cdots, b_{2^n})$,定义

$$d(a,b) = \sum_{i=1}^{2^n} |a_i - b_i|.$$

若 $A \subseteq S_n$,且对 A 中任何两个不同元素 a、b,都有 $d(a,b) \geq 2^{n-1}$,则称 A 为好子集。求 S_n 的好子集的元素个数的最大值。

(2005年中国集训队测验题)

解 显然,当 $n=1$ 时,$2^{n-1}=1$,$2^{n+1}=4$,这时最多写出下列二元向量满足要求:

$(0,0),(0,1),(1,0),(1,1)$.

当 $n=2$ 时,可以写出 8 个四元向量:

$(0,0,0,0)(0,0,1,1)(0,1,0,1)(0,1,1,0)$
$(1,1,1,1)(1,1,0,0)(1,0,1,0)(1,0,0,1)$.

当 $n=3$ 时,可以写出 16 个八元向量:

$(0,0,0,0,0,0,0,0)\;(1,1,1,1,1,1,1,1)$
$(0,0,0,0,1,1,1,1)\;(1,1,1,1,0,0,0,0)$
$(0,0,1,1,0,0,1,1)\;(1,1,0,0,1,1,0,0)$
$(0,0,1,1,1,1,0,0)\;(1,1,0,0,0,0,1,1)$
$(0,1,0,1,0,1,0,1)\;(1,0,1,0,1,0,1,0)$
$(0,1,0,1,1,0,1,0)\;(1,0,1,0,0,1,0,1)$
$(0,1,1,0,0,1,1,0)\;(1,0,0,1,1,0,0,1)$
$(0,1,1,0,1,0,0,1)\;(1,0,0,1,0,1,1,0)$.

由此可以猜测，所求的最大值为 2^{n+1}。

当 $n=k$ 时，设 $A \subseteq S_k$ 为好子集且 $|A|=2^{k+1}$，当 $n=k+1$ 时，令

$$B = \{(a,a) \mid a \in A\} \cup \{(a,a') \mid a \in A\},$$

其中 (a,a) 表示先排 a 的 2^k 个分量，接下来再排 a 的 2^k 个分量，共有 2^{k+1} 个分量的向量；当 $a=(a_1,a_2,\cdots,a_{2^k})$ 时，$a'=(1-a_1,1-a_2,\cdots,1-a_{2^k})$。则 $|B|=2|A|=2^{k+2}$ 且有

$$d((a,a),(b,b)) = 2d(a,b) \geq 2^k;$$
$$d((a,a),(b,b')) = d(a,b)+d(a,b') = 2^k;$$
$$d((a,a),(a,a')) = d(a,a') = 2^k;$$
$$d((a,a'),(b,b')) = d(a,b)+d(a',b') \geq 2^k.$$

所以 $|B|=2^{k+2}$ 且为 S_{k+1} 中的好集，这表明所求的最大值不小于 2^{k+2}。

另一方面，设有 S_{k+1} 中的好集 B_0，满足 $|B_0|=2^{k+2}+1$。考察 B_0 中所有元素 b 的第 i 个分量 b_i，它们全都取值 0 或 1 且共 $2^{k+2}+1$ 个数。设其中有 x_i 个 1，$2^{k+2}+1-x_i$ 个 0。

如果两个向量 $a=(a_1,a_2,\cdots,a_{2^{k+1}})$ 和 $b=(b_1,b_2,\cdots,b_{2^{k+1}})$ 对某个 i ($1 \leq i \leq 2^{k+1}$) 有 $a_i \neq b_i$，则称 (a_i,b_i) 为一个"同位异数对"或简称"异数对"。于是 $d(a,b)$ 的值等于 a 与 b 之间的异数对的个数。

对 B_0 中所有元素关于最后一个分量运用抽屉原理知，B_0 中至少有 $2^{k+1}+1$ 个元素的最后一个分量相同。以下就考察这 $2^{k+1}+1$ 个元素的其它 2^{k+1} 个分量。对每个 i，由这 $2^{k+1}+1$ 个元素的第 i 个分量所导致的"异数对"的个数为

$$N_i = x_i(2^{R+1}+1-x_i) \le 2^R(2^R+1).$$

所以这些向量之间异数对的总和 N 满足

$$N = \sum_{i=1}^{2^{R+1}-1} N_i \le (2^{R+1}-1) \cdot 2^R(2^R+1). \quad \text{①}$$

另一方面，从这些向量两两之间距离都不小于 2^R 的角度求和又有

$$N \ge 2^R \cdot C_{2^{R+1}+1}^2 = 2^R \cdot (2^{R+1}+1) \cdot 2^R. \quad \text{②}$$

由①和②有

$$2^R \cdot 2^R \cdot (2^{R+1}+1) \le N \le 2^R(2^{R+1}-1)(2^R+1).$$

$2^{2R+1} + 2^R = 2^R(2^{R+1}+1) \le (2^{R+1}-1)(2^R+1) = 2^{2R+1}+2^R-1$

矛盾。所以 B_0 不可能为好集，即 S_{R+1} 中的好集至多有 2^{R+2} 个元素。

综上可知，所求的 S_n 中的好集中元素个数的最大值为 2^{n+1}。

23. 《•》60页6题.

19. 是否存在一个集合 M，满足：

(i) M 恰由 1992 个正整数组成；

(ii) M 中的每个数或任意多个数之和都可以写成 m^k 的形式，其中 m, $k \in \mathbb{N}^*$ 且 $k \geq 2$。 （《奥赛经典（组合）》113页例7）

解 为解此题，我们证明当把(i)中的 1992 改为一般的 n 时，结论都是肯定的，并且用归纳构造法来证明之。我们先来证明一个引理。

引理 对任意 $n \in \mathbb{N}^*$，都存在 $d_n \in \mathbb{N}^*$，使集合 $S_n = \{d_n, 2d_n, \cdots, nd_n\}$ 中的每一个数都能写成 m^k ($m, k \in \mathbb{N}^*$, $k \geq 2$) 的形式。

证 当 $n=1$ 时，取 $d_1 = 3^2$ 即知结论成立。

设当 $n \in \mathbb{N}^*$ 时结论成立，即存在 $d_n \in \mathbb{N}^*$，使得
$$id_n = m_i^{k_i}, \quad m_i, k_i \in \mathbb{N}^*, \ k_i \geq 2, \ i=1,2,\cdots,n.$$

当 $n+1$ 时，取
$$d_{n+1} = d_n[(n+1)d_n]^k, \quad k=[k_1, k_2, \cdots, k_n],$$

于是当 $1 \leq i \leq n$ 时有
$$id_{n+1} = id_n[(n+1)d_n]^k = (m_i^{k_i}) \cdot [(n+1)d_n]^k = \left\{m_i[(n+1)d_n]^{\frac{k}{k_i}}\right\}^{k_i},$$

以及
$$(n+1)d_{n+1} = [(n+1)d_n]^{k+1},$$

这表明 $n+1$ 时结论成立，引理证毕。

回到原题的解。设 $n_0 = \dfrac{1992 \times 1993}{2}$，于是由引理知存在 d_{n_0}，使得
$$S_{n_0} = \{d_{n_0}, 2d_{n_0}, \cdots, n_0 d_{n_0}\}$$
（S_{n_0} 中前 1992 个元素所成的子集）中的每个数都可写成 m^k ($m, k \in \mathbb{N}^*$, $k \geq 2$) 的形式，从而 $M = \{d_{n_0}, 2d_{n_0}, \cdots, 1992 d_{n_0}\}$ 满足题中要求 (i) 和 (ii)。

20. 设 S 是 2002 个元素组成的集合，N 为整数且 $0 \leq N \leq 2^{2002}$，求证可将 S 的所有子集染成黑色或白色，满足下列条件：

(i) 任何两个白色子集之并集是白色子集；

(ii) 任何两个黑色子集之并集是黑色子集；

(iii) 恰好存在 N 个白色子集。 (2002 年美国数学奥林匹克)

证 我们用归纳构造法来证明一串命题：设 $S = S_n$ 是 n 个元素的集合，整数 N 满足 $0 \leq N \leq 2^n$。对所有 $n \in \mathbb{N}^*$，相同的命题都成立。

当 $n=1$ 时，若 $N=0$，则将 $\varnothing$ 与 $S_1 = \{a_1\}$ 都涂成黑色，就满足题中要求；若 $N=1$，则将 $\varnothing$ 涂成黑色，将 $\{a_1\}$ 涂成白色，满足题中要求；若 $N=2$，则将 $\varnothing$ 和 $\{a_1\}$ 都涂成白色，符合题中要求。这表明 $n=1$ 时命题成立。

设当 $n=k$ 时命题成立，即对 $S_k = \{a_1, a_2, \cdots, a_k\}$，$0 \leq N \leq 2^k$，命题结论成立。当 $n=k+1$ 时，写

$$S_{k+1} = \{a_1, a_2, \cdots, a_k, a_{k+1}\} = S_k \cup \{a_{k+1}\}.$$

(1) 若 $0 \leq N \leq 2^k$，则由归纳假设知存在一种涂色方法将 S_k 的所有子集涂成黑色或白色，使得(i)(ii)成立且共有 N 个白子集。然后再将 S_{k+1} 的所有含 a_{k+1} 的子集全涂成黑色即满足要求。

(2) 若 $2^k < N \leq 2^{k+1}$，则可设 $N = 2^k + M$，其中 $1 \leq M \leq 2^k$。记 $N_1 = 2^k - M$，于是 $0 \leq N_1 < 2^k$。注意，N_1 恰为所求之涂色法中黑子集的个数。从而只要将(1)中的构造法中的黑白子集互换即可得到所求之构造法。

这就完成了归纳证明。特别当 $n = 2002$ 时，所要求的涂色法存在。

21. 凸 $2n+1$ 边形的每一个顶点都涂成 3 种不同颜色之一，使得任意两个相邻顶点都异色。求证凸 $2n+1$ 边形可被不在形内相交的一组对角线全部划分成三角形，使得每个三角形的 3 个顶点互不同色。

(《奥赛经典(组合)》269 页例 2)

证 将题中所给的 3 种不同颜色分别记为 1，2，3。用归纳构造法来证明本题的结论。

当 $n=1$ 时，凸 $2n+1$ 边形就是三角形，结论显然成立。

设当 $n=k$ 时结论成立。当 $n=k+1$ 时，$2n+1=2k+3$ 必为奇数，必有相邻 3 个顶点涂有 3 种不同颜色。若不然，则任意 3 个相邻顶点都不是涂有 3 种不同颜色。又因已知任何两个相邻顶点不同色，故所有顶点只能涂有两种不同颜色，此不可能。

设 A_1, A_2, A_3 涂了 3 种不同颜色 1，2，3。于是 A_{2k+1} 和 A_4 的涂色状态总有 4 种不同：

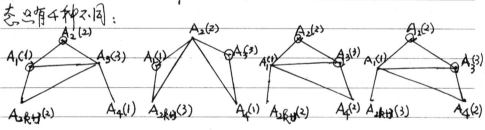

在每种情况下都连出两个三角形，每个三角形都涂有 3 种不同颜色（如图所示）。去掉这两个三角形及其各一个顶点，于是余下的 $2k+1$ 个顶点的涂色状态仍然满足题中要求。于是由归纳假设知，可用在形内不交的对角线将相应的凸 $2k+1$ 边形划分成一组三角形，使得每个三角形的 3 个顶点都互不同色，从而命题对于 $n=k+1$ 时成立。这就完成了归纳证明。

22. 试证对任意 $n \in \mathbb{N}$, $n \geq 2$, 都存在一个由 n 个正整数组成的集合 S_n, 使对 S 中的任意两个不同的数 a 和 b, 均有 $(a-b)^2 \mid ab$。

(1998年美国数学奥林匹克)

证 我们用归纳构造法来证明。

当 $n=2$ 时, 取 $S_2 = \{1, 2\}$ 即满足要求。

设当 $n=k$ 时命题成立, 即存在 $S_k = \{a_1, a_2, \cdots, a_k\}$, 其中 $a_i \in \mathbb{N}^*$ ($i=1, 2, \cdots, k$) 且对任意 $1 \leq i < j \leq k$, 均有 $(a_i - a_j)^2 \mid a_i a_j$。

当 $n=k+1$ 时, 记 $A = a_1 a_2 \cdots a_k$ 并考察下列 $k+1$ 个数:

$$A, A+a_1, A+a_2, \cdots, A+a_k.$$

这时因为

$$[(A+a_i) - (A+a_j)]^2 = (a_i - a_j)^2,$$
$$(A+a_i)(A+a_j) = A^2 + A(a_i + a_j) + a_i a_j,$$

故由归纳假设和 A 的定义有

$$(a_i - a_j)^2 \mid a_i a_j, \quad a_i a_j \mid A,$$

所以当 $1 \leq i < j \leq k$ 时, 均有

$$[(A+a_i) - (A+a_j)]^2 \mid A^2 + A(a_i + a_j) + a_i a_j = (A+a_i)(A+a_j). \quad ①$$

此外

$$[(A+a_i) - A]^2 = a_i^2 \mid (A+a_i)A. \quad ②$$

①与②结合表明集合 $S_{k+1} = \{A, A+a_1, A+a_2, \cdots, A+a_k\}$ 满足题中要求, 即当 $n=k+1$ 时命题成立。由数学归纳法知对所有 $n \geq 2$ 命题都成立。

八 抽屉原理（二）

1. 平面上给定10点，其中任何5点中都有4点共圆，求证其中必有5点共圆，并问其中有点最多的一个圆上最少有几个点？

解1 (1) 先用反证法来证明给定10点中必有5点共圆。若不达，则任何5点都不共圆。

给定的10点共可组成 $C_{10}^5 = 252$ 个五点组，已知每组中都有4点共圆，称过这4点的圆为"四点圆"，于是共有252个四点圆（包括重复）。易见，每个四点圆恰属于6个五点组，从而知共有42个不同的四点圆，而且只要4点不全相同，圆也不同。 从支撑元素入手构造抽屉

42个四点圆上共有168个点。将每个给定点视为一个抽屉，共10个抽屉。由抽屉原理知存在一点A，使得42个四点圆中至少有17个过点A。若多于17个我们只用17个。这17个四点圆上除点A之外，每个圆上还有另外3点，共51点。再由抽屉原理知又有一点B，使得上述17个四点圆中至少有6个圆过点B。于是这6个圆都过A、B两点，因为这6个圆互不相同，故6个圆上除A、B之外的另外两点共12个点互不相同，此不可能。所以10点中必有5点共圆。

(2) 设 A_1, A_2, A_3, A_4, A_5 这5点共圆 C_1，A_9, A_{10} 两点不在 $\odot C_1$ 上。

考察五点组 $\{A_1, A_2, A_3, A_9, A_{10}\}$，由已知，其中必有4点共圆，记为 $\odot C_2$，于是 $\odot C_2 \neq \odot C_1$，因而 A_1, A_2, A_3 不能全在 $\odot C_2$ 上，不妨设 $A_3, A_4, A_5 \notin \odot C_2$。

考察五点组 $\{A_3, A_4, A_5, A_9, A_{10}\}$，其中必有4点共圆 $\odot C_3$，于是 $\odot C_3 \neq \odot C_1$，因而 A_3, A_4, A_5 不能全在 $\odot C_3$ 上，不妨设 A_3, A_4, A_9

$A_{10} \in \odot C_3$ 而 $A_1, A_2, A_5 \notin \odot C_3$.

再考察 $\{A_1, A_3, A_5, A_9, A_{10}\}$，其中必有4点共圆 C_4. 若 $A_1, A_9, A_{10} \in \odot C_4$，则 C_4 重合于 C_2，但 $A_3, A_5 \notin \odot C_2$，而两点中至少一点属于 C_4，矛盾. 若 $A_3, A_9, A_{10} \in \odot C_4$，则 C_4 重合于 C_3，同样可导出矛盾. 可见，A_9, A_{10} 不能同属于 C_4. 于是 $A_1, A_3, A_5 \in C_4$，所以 $\odot C_4$ 重合于 $\odot C_1$，矛盾.

这表明10点中至多1点不在 $\odot C_1$ 上，或者说至少9点都在 $\odot C_1$ 上.

另一方面，给定10点中9点在一个圆上，而另1点不在此圆上，则10点是已满足题中要求.

综上可知，所给点最多在一个圆上最少有9个点.

解2 只证给定10点中必有5点共圆. 若不然，则像解1中一样可可导出有42个不同心四点圆，其上共有168个点. 由(小心)抽屉原理知，存在一点 A，使得42个四点圆中至多有16个圆过点 A. 去掉点 A，则余下9点中，还有至少26个四点圆. 这26个四点圆上共有104个给定点(包括重复)，它们都是除 A 以外的9个给定点. 由抽屉原理又存在一点 B，在26个四点圆中至多有11个过点 B. 再去掉点 B，于是余下8点中至少，还有15个四点圆. 这15个四点圆上共60个点，都是点 A 和 B 之外的另8个给定点. 类似的，又可导出：7点中有8个四点圆；6点中有4个四点圆；5点中有2个四点圆. 即此5点共圆，矛盾. 所以10个给定点中必有5点共圆.

解3 像解2中一样地可以导出：9个给定点中有26个不同心四

点圆。这时，9个点共可构成
$$C_9^5 = C_9^4 = 126$$
个五点组。但每个四点圆恰属于5个五点组，26个四点圆属于130个五点组。由抽屉原理知必有两个四点圆属于同一个五点组，因而这5点共圆。

解4 只证10个给定点中必有5点共圆。像解1中一样地可证共有42个不同的四点圆，不同体现在共圆四点组全不相同。

一方面，共圆四点组可以构成4个"三点组"，42个共圆四点组共可构成168个这样的"三点组"。另一方面，10个给定点共可组成
$$C_{10}^3 = \frac{10 \times 9 \times 8}{6} = 120$$
个不同的三点组。由抽屉原理知，前面的168个"圆上三点组"中必有两个相同，即有两个共圆四点组中有3点相同，从而两组中的5个点共圆。

解5 若任何4点都共圆，则必10个给定点共圆，当然更有5点共圆。否则，10点中必有4点不共圆。不妨设A、B、C、D 4个给定点不共圆。

<u>从坏的组合入手</u>

考察4个三点组
{A,B,C}, {A,B,D}, {A,C,D}, {B,C,D}.

由于任何5点中都有4点共圆，所以10点中不能有4点共线，因而上述4个三点组中，至多有一组三点共线，从而至少3组中的3点在一个圆上。不妨设4组分别对应的圆为 S_1, S_2, S_3, S_4（若三点共线则没有 S_4）。对于E、F、G、H、I、J这6点，每一点加上A、B、C、D都是一个

五点组，其中必有4点共圆，但这4点不能是 A、B、C、D，所以必 是 A、B、C、D 中的3点加上后面一点，换句话说，后加的一点必属于4 个圆 S_1、S_2、S_3、S_4 之一，于是后6点中每点都属于 S_1、S_2、S_3、S_4 之一。由抽屉原理知6点中必有两点属于同一个圆，这样必导致5点共 圆。

解6 若10点中没有5点共圆，则像解1中一样地可导出有42个 不同的"四点圆"。这样，每个圆上4个给定点共可组成6个不同的"点 对"（由10个给定点中两点组成），于是42个四点圆上共有252个"点对"。

另一方面，10个给定点共可组成 $C_{10}^2=45$ 个不同的"点对"，这45个 不同点对作为"抽屉"，由抽屉原理知在上述252个点对中，至少有6个 相同，换句话说，至少有6个四点圆，它们之间有两个公共交点，矛盾。

解7 若10个给定点中没有5点共圆，则可导致存在42个不同的"四点圆"。 每个圆上的4点可组成4个不同的"三点组"，称它为定圆三点组。由于10个给定 点共可组成 $C_{10}^3=120$ 个三点组，以此作为120个抽屉，由抽屉原理可知，42个 "四点圆"导致的 $42\times 4=168$ 个"定圆三点组"中，必有两个相同，从而二者所属 的两个四点圆相同，矛盾。所以给定10点中必有5点共圆。

解8 见本册后面261页5题。

解9 反演法，见《2■》132页6题。

2. 一个国际社团的成员共1978人,来自6个不同的国家,用$1, 2, \cdots, 1978$为他们编号。求证此社团中仿有1个成员,他的号码等于他的两个同国成员的号码数之和或等于他的1个同国成员的号码数的2倍。

(1978年IMO 6题)

证 因为$1978 = 6 \times 329 + 4$,故当1978人分属于6个国家时,由抽屉原理知,必有1个国家A在社团中至少有330人。

若结论不成立,则这330个人中,任何两人的号码之差所对应的成员都不能属于A国,即只能是另外5国之人。设这330人的号码从小到大为$a_1, a_2, \cdots, a_{330}$。令 〔从支撑元素入手〕

$$b_i = a_{330} - a_i, \quad i = 1, 2, \cdots, 329,$$

则号码为b_i ($i = 1, 2, \cdots, 329$)的人全都在除A以外的5国之中。再由抽屉原理知,又有国家$B \neq A$,其中至少有329个b_i中的66个人。设这66个人的号码从小到大依次为$b_{i_1}, b_{i_2}, \cdots, b_{i_{66}}$。令

$$c_j = b_{i_{66}} - b_{i_j} = a_{i_j} - a_{i_{66}}, \quad j = 1, 2, \cdots, 65,$$

于是这65个c_j只能属于A、B两国之外的4个国家。由抽屉原理知,又必有1个国家C,$C \neq A$,$C \neq B$,含有这65个人中的至少17个人。

类似地,又有1个国家D,$D \neq A$,$D \neq B$,$D \neq C$,含有C国导致的16个差值所对应的人中的至少6人。接着又有E国致少含有3个人。最后这3人中,以对应的号码大的减去两个小的所得的两个差值所对应的两个人必属于第6国F。这样一来,这两个号码之差所对应的人无论属于6国中的哪一国都导致矛盾。

40

3. 设 $n \in \mathbb{N}$, $n > 3$, $a_0, a_1, \cdots, a_n$ 为 $n+1$ 个自然数且满足 $1 \le a_0 < a_1 < a_2 < \cdots < a_n \le 2n-3$. 求证存在互不相同的下标 i, j, ℓ, k, m, 使得 $a_i + a_j = a_k + a_\ell = a_m$. (1990年日本数学奥林匹克)

解 令
$$b_i = a_n - a_i, \quad i = 0, 1, \cdots, n-1,$$
于是 $b_0, b_1, \cdots, b_{n-1}$ 是 n 个互不相同的正整数且有
$$b_{n-1} < b_{n-2} < \cdots < b_1 < b_0 < 2n-3.$$

这样一来, $a_0, a_1, \cdots, a_{n-1}$ 和 $b_0, b_1, \cdots, b_{n-1}$ 是 $2n$ 个不大于 $2n-4$ 的正整数. 由于 $a_0, a_1, \cdots, a_{n-1}$ 互不相等, $b_0, b_1, \cdots, b_{n-1}$ 也互不相等, 所以每个 a_i 至多与 1 个 b_j 相等, 每个 b_i 也至多与 1 个 a_j 相等. 故由抽屉原理知这 $2n$ 个数中存在 4 对数, 使得
$$a_{i_k} = b_{j_k}, \quad k = 1, 2, 3, 4.$$

亦即
$$a_n = a_{i_k} + a_{j_k}, \quad k = 1, 2, 3, 4. \qquad ①$$

于是得到下列 4 对数
$$\{a_{i_1}, a_{j_1}\}, \{a_{i_2}, a_{j_2}\}, \{a_{i_3}, a_{j_3}\}, \{a_{i_4}, a_{j_4}\}. \qquad ②$$

由①之意, ②中每对两数之和都等于 a_n, 且 $a_{i_1}, a_{i_2}, a_{i_3}, a_{i_4}$ 互不相同, $a_{j_1}, a_{j_2}, a_{j_3}, a_{j_4}$ 也互不相同. 因此, ②中给出的 4 对数中使 $a_{i_k} = a_{j_k}$ 的数对至多 1 对; 能使 $a_{i_k} = a_{j_{k'}}, a_{j_k} = a_{i_{k'}}$ 的数对 $\{a_{i_k}, b_{j_k}\}, \{a_{i_{k'}}, a_{j_{k'}}\}$ 至多 1 对且互不相交. 因而可以从②中 4 个数对中选出两对, 使两对中 4 个数互不相同. 再加上 a_n, 这 5 个数满足题中要求.

解二 若 $a_n = 2n-3$ 或 $a_n = 2n-4$, 则可将 $\{1, 2, \cdots, a_n-1\}$ 分别分组如下: （以下是作为抽屉）

$\{1, 2n-4\}$ $\{1, 2n-5\}$
$\{2, 2n-5\}$ $\{2, 2n-6\}$
$\{3, 2n-6\}$ $\{3, 2n-7\}$
$\vdots$ $\vdots$
$\{n-2, n-1\}$ $\{n-3, n-1\}$
     $\{n-2\}$

显然, 两种情况下均有 $n-2$ 个集合, 每个二元集合中的两数之和都等于 a_n. 因为 $1 \le a_0 < a_1 < \cdots < a_{n-1} < a_n \le 2n-3$, 所以当 $a_0, a_1, \cdots, a_{n-1}$ 分别属于这 $n-2$ 个集合时, 必有两个集合分别含有两个数 $\{a_{i_1}, a_{j_1}\}, \{a_{i_2}, a_{j_2}\}$. 于是有 $a_{i_1} + a_{j_1} = a_n = a_{i_2} + a_{j_2}$. 当 a_n 更小时, 同理可证结论成立.

4. 设 $S=\{-(2n-1),-(2n-2),\cdots,-1,0,1,\cdots,(2n-1)\}$，求证 S 的任何一个 $2n+1$ 元子集 T 中必有 3 个数之和为 0。

(《组合卷》之 2·40 题，1990 年集训队训练题)

证 将题中给出的集 S 改记为 S_n，并用数学归纳法来证明。

当 $n=1$ 时，$S_1=\{-1,0,1\}$，命题显然成立。设命题于 $n=k$ 时成立，当 $n=k+1$ 时，集合 S_{k+1} 比 S_k 增加了 4 个元素 $\{-(2k+1),-2k,2k,2k+1\}=M$。子集 T 也相应地增加了两个元素。

(1) 若 S_{k+1} 的 $2k+3$ 元子集 T，$|T\cap M|\leq 2$，则
$$|T\cap S_k|\geq 2k+1.$$
于是由归纳假设知 $T\cap S_k$ 中有 3 个数之和为 0，即命题成立。

(2) 设 $|T\cap M|=4$，即 $M\subset T$。这时，若 $\{-1,0,1\}\cap T\neq\varnothing$，则结论显然成立。故不妨设 $-1,0,1$ 均不在 T 中。将 S_k 配对分组如下： 分类使用抽屉原理

$\{-(2k-1),-2\}$	$\{2k-1,2\}$
$\{-(2k-2),-3\}$	$\{2k-2,3\}$
$\vdots$	$\vdots$
$\{-(k+1),-k\}$	$\{k+1,k\}$

从好对入手

以上共有 $2k-2$ 个数对，前一列数对中两数之和均为 $-(2k+1)$，后一列的和均为 $2k+1$。把它们作为 $2k-2$ 个抽屉。注意 $|T|=2k+3$，$|T\cap S_k|=2k-1$。于是由抽屉原理知 T 中必有两个数在一个抽屉之中。这个数对若在前一列，则加上 $2k+1$ 的 3 数之和为 0；这个数对若在后一列中，则加上 $-(2k+1)$ 的 3 数之和为 0。

42

(3) 设 $|T\cap M|=3$。由此及以对称性知，只须证明下列两种情况。

(i) $-(2k+1), -2k, 2k\in T$, $2k+1\notin T$。若 0 和 1 至少有 1 个属于 T，则结论成立。以下设 0 和 1 都不在 T 中。将 S_k 分组如下：

$\{-(2k-1), -1\}$ $\{2, 2k-1\}$
$\{-(2k-2), -2\}$ $\{3, 2k-2\}$
$\vdots$ $\vdots$
$\{-(k+1), -(k-1)\}$ $\{k, k+1\}$
$\{-k\}$

从好对入手造抽屉

这便是 $2k-1$ 个抽屉。因 $|T|=2k+3$，$|T\cap S_k|=2k$，故由抽屉原理知，T 中必有两数在同一个抽屉之中。像 (2) 中一样习知结论成立。

(ii) $-(2k+1), 2k+1, 2k\in T$, $-2k\notin T$。若 0 和 1 至少有 1 个属于 T，则结论成立。以下设 0 和 1 都不在 T 中。于是像 (i) 中一样地可将 S_k 分组如下并完成证明。

这我完成了全部证明。

5. 设在133个自然数中,至少有799对互质,求证如可找到其中4个数 a, b, c, d,使得 $(a,b) = (b,c) = (c,d) = (d,a) = 1$.

(《组合卷》2.15题,1990年集训队训练题)

证 将这133个自然数所成的集合记为 A,且对任何 $a \in A$,将 A 中与 a 互质的所有元素的集合记为 S_a,并记 $|S_{a_j}| = n_j$, $j = 1, 2, \cdots, 133$. 于是由已知有

$$n_1 + n_2 + \cdots + n_{133} \geq 2 \times 799.$$

考察所有 S_{a_j} 中的点对总数,我们有

$$m = C_{n_1}^2 + C_{n_2}^2 + \cdots + C_{n_{133}}^2 = \frac{1}{2}\sum_{i=1}^{133} n_i^2 - \frac{1}{2}\sum_{i=1}^{133} n_i$$

$$\geq \frac{1}{2 \times 133}\left(\sum_{i=1}^{133} n_i\right)^2 - \frac{1}{2}\sum_{i=1}^{133} n_i$$

从好对入手构造抽屉

$$= \frac{1}{2}\sum_{i=1}^{133} n_i \left(\frac{1}{133}\sum_{i=1}^{133} n_i - 1\right) \geq \frac{(2\times 799)^2}{2 \times 133} - 799$$

$$= 2 \times \frac{799^2}{133} - 799 > 2 \times 799 \times \frac{798}{133} - 799$$

$$= 12 \times 799 - 799 = 11 \times 799 > 66 \times 133 = C_{133}^2.$$

注意,上式右端的 C_{133}^2 表示集 A 中不同数对的个数,于是由抽屉原理知存在两个集合 S_a 和 S_c,二者有一对公共元素,记为 (b, d). 于是由 S_a 的定义知这恰好意味着

$$(a,b) = (b,c) = (c,d) = (d,a) = 1.$$

6. 某次考试共有5道选择题,每题都有4个不同答案供选择. 每人每题恰选1个答案. 在2000份答卷中发现存在一个n,使得任何n份答卷中都存在4份,其中每两份答卷中都至多3题答案相同. 求n的最小可能值. (2000年中国数学奥林匹克第6题)

解1 因为每道题有4个不同选项,故由抽屉原理知,2000份答卷中,总有500份第1题答案相同. 而在第1题答案相同的500份答卷中,总有125份的第2题答案相同. 在第1、2两题答案都相同的125份答卷中,又有32份第3题答案相同. 最后,在第1、2、3题答案都相同的32份答卷中,第4题的4个选项中,总有1个选项至多被8人选用. 去掉这8人的考卷,余下的24份考卷中,前3题的答案都相同而第4题的答案只有3种不同. 对于这24份考卷中的任何4份,由抽屉原理知其中必有两份第4题答案相同,从而前4题的答案都相同,不满足题中要求. 这表明欲求的n的最小可能值不小于25.

【从支撑元素入手构造抽屉】

另一方面,卷面上可能出现的所有不同答案共有$4^5=1024$种. 选择其中的1000种各有两份答卷选用,共得2000份考卷. 显然,其中的任何25份考卷中,总有13份互不相同.

分别用0、1、2、3来代表每题的4个不同选项并将所有不同答案组分成4类:

【以剩余类为抽屉】

$S_m=\{(g,h,i,j,k)|g+h+i+j+k\equiv m\pmod 4\}$, $m=0,1,2,3$.

由抽屉原理知,上述13份互不相同的答案至少有4份属于这4个集合中同一个集合中. 由S_m的定义知,这4份答案中每两份都是至多

3 题答案相同，这表明 $n=25$ 满足题中要求.

综上可知，n 的最小可能值为 25.

解2 分别用 0，1，2，3 来代表每题的 4 个不同选项，并用 (g,h,i,j,k) 来表示一份答案，其中 $g,h,i,j,k\in\{0,1,2,3\}$. 将答案中的 4 个数任意固定，余下的 1 个数从 0 变到 3，共得到 4 份答案构成一个"四元组". 易知，共可构成 $C_5^4 \cdot 4^4 = 1280$ 个互不相同的四元组. 每份考卷上的答案恰属于 5 个不同的四元组，从而 2000 份答案共属于 10000 个四元组. 由抽屉原理知 2000 份答卷中必有 8 份属于同一个四元组. 去掉这 8 份答卷，余下的 1992 份答卷中又有 8 份属于同一个四元组. 再去掉这 8 份答卷，余下的 1976 份答卷中仍然可以选出 8 份答卷，其上的 8 个答案属于同一个四元组. 考察 3 次选出的共 24 份考卷，由抽屉原理知，其中任 4 份中总有两份属于同一个四元组. 按四元组定义知这两份答案至少 4 题答案相同，不满足题中要求，这表明所求的 n 的最小可能值不小于 25.

另一方面，令
$$S=\{(g,h,i,j,k)\mid g+h+i+j+k\equiv 0\pmod 4\},$$
则 $|S|=4^4=256$ 且 S 中任何两个五数组中至多 3 个数相同(有序). 从 S 中任取 250 个不同的五数组，且对于其中每个五数组，各有 8 人的答案与其相同. 于是共得 2000 份答卷，其中的任何 25 份中，总有 4 份的答案互不相同，当然两份中至多 3 题答案相同. 故 $n=25$ 满足题中要求.

综上可知，n 的最小可能值为 25.

解3 像前面两种解法一样，用 (g,h,i,j,k) 表示一份考卷的答案，其中 $g,h,i,j,k \in \{0,1,2,3\}$。将下列4个答案划分成一组：
$$\{(g,h,i,j,0), (g,h,i,j,1), (g,h,i,j,2), (g,h,i,j,3)\}$$
于是全部可能的1024种不同答案共分成了256组，把它们作为256个抽屉。由于 $2000 = 256 \times 7 + 208$，2000份答案分属于这256个抽屉，按抽屉原理知可先后取出3组各8份考卷，使得每组8份答案都属于同一个抽屉。从3组共24份答卷中，任何4份中总有两份属于同一个四元组，至少有4份答案相同，不满足题中要求。这表明 n 的最小可能值不小于25。

另一方面，考察集合
$$S = \{(g,h,i,j,k) \mid g+h+i+j \equiv k \pmod{4}\}$$
易知 $|S| = 256$ 且 S 中任何两个有序五元组中至多3数相同。将 S 中的256份考卷分成两组：$S_1 \cup S_2 = S$，$S_1 \cap S_2 = \varnothing$，$|S_1| = 208$，$|S_2| = 48$。$S_1$ 中每个答案恰有8人选用，S_2 中每个答案恰有7人选用，于是共可得到2000份答案，其中的任何25份答卷中总有4份互不相同。由 S 定义知任何两份至多3数答案相同，这表明 $n=25$ 满足题中要求。

综上知，n 的最小可能值为25。

7. 设 $x_1, x_2, \cdots, x_n$ 都是实数且 $x_1^2 + x_2^2 + \cdots + x_n^2 = 1$,求证对任意整数 $k \geq 2$,存在 n 个不全为 0 的整数 a_i, $|a_i| \leq k-1$, $i = 1, 2, \cdots, n$, 使得 $|a_1 x_1 + a_2 x_2 + \cdots + a_n x_n| \leq (k-1)\sqrt{n}/(k^n - 1)$。(1987年IMO 3题)

证 设 $c_i \in \{0, 1, \cdots, k-1\}$, $i = 1, 2, \cdots, n$。对于题中所给的 $x_1, x_2, \cdots, x_n$。令

$$b_i = \begin{cases} c_i, & \text{当 } x_i = 0 \\ \dfrac{c_i x_i}{|x_i|}, & \text{当 } x_i \neq 0 \end{cases}, \quad i = 1, 2, \cdots, n.$$

考察以有的和

$$S(b_1, \cdots, b_n) = b_1 x_1 + b_2 x_2 + \cdots + b_n x_n$$
$$= c_1 |x_1| + c_2 |x_2| + \cdots + c_n |x_n| \geq 0. \quad ①$$

由柯西不等式有

$$S(b_1, b_2, \cdots, b_n) \leq \left(\sum_{i=1}^{n} c_i^2\right)^{\frac{1}{2}} \left(\sum_{i=1}^{n} x_i^2\right)^{\frac{1}{2}} \leq \left(\sum_{i=1}^{n} c_i^2\right)^{\frac{1}{2}}$$

从好图形入手构造抽屉 $\leq (k-1)\sqrt{n}. \quad ②$

将区间 $[0, (k-1)\sqrt{n}]$ 均分成 $k^n - 1$ 个小区间,于是每个小区间的长度为 $d = (k-1)\sqrt{n}/(k^n - 1)$。当 c_i 取遍集合 $\{0, 1, 2, \cdots, k-1\}$ 时,共有 k^n 种不同取法。于是相对应的 $S(b_1, b_2, \cdots, b_n)$ 有 k^n 个值,且由①和②知这些值均落在区间 $[0, (k-1)\sqrt{n}]$ 中。于是由抽屉原理知,总有两个 S 值落在同一个小区间中,记这两个和数 S 为 $S(b_1, b_2, \cdots, b_n)$ 和 $S(b_1', b_2', \cdots, b_n')$。令

$$a_i = b_i - b_i', \quad i = 1, 2, \cdots, n, \quad ③$$

则由①和②就有

$$|a_1 x_1 + a_2 x_2 + \cdots + a_n x_n| = |(b_1 - b_1')x_1 + (b_2 - b_2')x_2 + \cdots + (b_n - b_n')x_n|$$

$$= |S(b_1, b_2, \cdots, b_n) - S(b_1', b_2', \cdots, b_n')|$$

$$\leq (k-1)\sqrt{n}/(k^n - 1),$$

而由③知

$$-(k-1) \leq a_i \leq k-1, \quad i = 1, 2, \cdots, n,$$

即为

$$|a_i| \leq k-1, \quad i = 1, 2, \cdots, n.$$

8. 是否存在非零复数 a, b, c 及自然数 h，使对任何整数 k, ℓ, m，只要 $|k|+|\ell|+|m| \geq 1996$，就有 $|ka+\ell b+mc| > \dfrac{1}{h}$？

(1996年中国集训队选拔考试6题)

解 设有非零复数 a, b, c 和自然数 h 满足题中要求。

考察复平面，不妨设复数 a 和 b 所对应的向量 $\vec{a}$ 和 $\vec{b}$ 的夹角既不为 0 也不为 π，否则向量 $\vec{a}$ 与 $\vec{b}$ 共线，论述将更为简单。

取以 $\vec{a}$ 和 $\vec{b}$ 分别所在的两条直线为坐标轴，且分别以 $|a|,|b|$ 为单位长的斜角坐标系。过坐标轴上的每个整点作另一条坐标轴的平行线，于是两族平行线彼此相交将复平面划分成网格平面。这些网格是彼此全等的平行四边形。

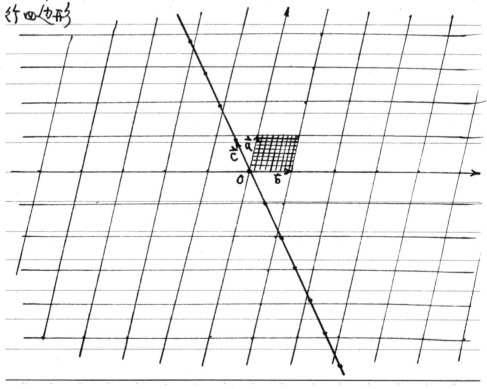

再考察复数 c 以及对应的向量 $\vec{c}$ 所在的直线. 显然, 对每个整数 m, 复数 mc 都对应于这条直线上的一点, 以下称这样的点为 c-整点. 易见, 每个 c-整点都在某个平行四边形 (包括左边和下边) 中, 将每个含有 c-整点的平行四边形都平移到位于第 1 象限且以原点为顶点的平行四边形 P 上, 并使二者重合. 这时, 每个 c-整点也都随同所在的平行四边形移到 P 上, 记其平移后的像点为 c'-整点. 不难看出, 当 c-整点对应的复数为 mc, 其所在的平行四边形的左下顶点对应的复数为 $\lambda a + \mu b$ (λ 和 μ 为整数) 时, 平移后的像点, 即 c'-整点对应的复数为 $mc - \lambda a - \mu b$.

将平行四边形 P 用平行于其边的两组平行线划分成有限多个小平行四边形, 使每个小四边形的长对角线的长度都小于 $\frac{1}{x}$. 注意, 无穷多个 c'-整点落在有限多个小平行四边形中, 由抽屉原理知必有无穷多个 c'-整点落在同一个小平行四边形中. 显然, 这无穷多个 c'-整点两两之间的距离都小于 $\frac{1}{x}$.

将这样选出的无穷多个 c'-整点对应的复数分别记为
$$m_i c - \lambda_i a - \mu_i b, \quad i = 1, 2, \cdots.$$
由于第 1 个 c'-整点与后面的每个 c'-整点的距离都小于 $\frac{1}{x}$, 故有
$$|(m_1 - m_i)c + (\lambda_i - \lambda_1)a + (\mu_i - \mu_1)b| < \frac{1}{x}, \quad i = 2, 3, \cdots. \quad ①$$
由于 ① 中不同的 i 表示不同的点对之间的距离, 故三数组
$$\{(\lambda_i - \lambda_1), (\mu_i - \mu_1), (m_1 - m_i)\}, \quad i = 2, 3, \cdots \quad ②$$
互不相同且有无穷多组. 又因满足条件
$$|\lambda_i - \lambda_1| + |\mu_i - \mu_1| + |m_1 - m_i| < 1996$$
的 ② 中的三数组只有有限多个. 故 ② 中总有一个三数组 (满足

$$|\lambda_{i_0}-\lambda_1|+|\mu_{i_0}-\mu_1|+|m_1-m_{i_0}| \geq 1996 \quad ③$$

且使①成立，即题中的要求不可能成立，所以本题的答案是否定的。

注 本题可导出如下推论：设 a, b 为非零实数，$\varepsilon > 0$，求证存在非零整数 m, n，使得 $|ma+nb| < \varepsilon$。

9. 设 $S=\{1,2,\cdots,280\}$，求最小自然数 n，使得 S 的任何一个 n 元子集中都含有 5 个数两两互质。(1991年 IMO 3 题)

解1 令
$$M_2=\{2k\mid k=1,2,\cdots,140\},$$
$$M_3=\{3k\mid k=1,2,\cdots,93\},$$
$$M_5=\{5k\mid k=1,2,\cdots,56\},$$
$$M_7=\{7k\mid k=1,2,\cdots,40\},$$
$$M=M_2\cup M_3\cup M_5\cup M_7.$$

对于 M 中的任何 5 个数，由抽屉原理知，其中必有两个数属于同一个 M_i，$i\in\{2,3,5,7\}$，当然不互质。所以，子集 M 不满足题中要求。

由容斥原理可知
$$|M|=|M_2|+|M_3|+|M_5|+|M_7|-|M_6|-|M_{10}|-|M_{14}|-|M_{15}|$$
$$-|M_{21}|-|M_{35}|+|M_{30}|+|M_{42}|+|M_{70}|+|M_{105}|-|M_{210}|$$
$$=140+93+56+40-46-28-20-18-13-8+9+6+4+2-1$$
$$=216.$$

由此可知，所求的最小自然数 n 不小于 217。

另一方面，设 $T\subset S$，$|T|=217$。考察下列 6 个集合：
$A_1=\{S\text{中所有质数}\}\cup\{1\}$，$A_2=\{2^2,3^2,5^2,7^2,11^2,13^2\}$，
$A_3=\{2\times41,3\times37,5\times31,7\times29,11\times23,13\times19\}$，
$A_4=\{2\times37,3\times31,5\times29,7\times23,11\times19,13\times17\}$，
$A_5=\{2\times31,3\times29,5\times23,7\times19,11\times17\}$，
$A_6=\{2\times29,3\times23,5\times19,7\times17,11\times13\}$。

我们先来计算 $|A_1|$ 的值，这是一个典型的组合计数问题，为此，我们使用补集计数法，即求 S 中合数的个数。

前面已经算出 $|M|=216$，注意，M 中只有 4 个质数：2、3、5、7，余下的 212 个数均为合数。除了这些合数之外，S 中余下的合数的最小质因子不小于 11，不大于 13，所以只有下列 8 个：

$$11^2, 11\times 13, 11\times 17, 11\times 19, 11\times 23; 13^2, 13\times 17, 13\times 19.$$

从而知 S 中共有 220 个合数，所以 $|A_1|=60$。于是有

$$|A_1\cup A_2\cup A_3\cup A_4\cup A_5\cup A_6|=88.$$

由于 $|T|=217$，故 $|S-T|=63$，所以 T 中至少有 $88-63=25$ 个元素分别属于 6 个集合：A_1, A_2, A_3, A_4, A_5 和 A_6。由抽屉原理知其中必有 5 个元素属于同一个集合 $A_i, i\in\{1,2,3,4,5,6\}$，显然两两互质。

综上可知，所求的最小自然数 $n=217$。

解 2　只证 S 的任何一个 217 元子集 T 中总有 5 个数两两互质。若 T 中至少有 5 个质数，自然满足要求。若 T 中至多 4 个质数，则至少有 213 个合数。于是 S 中不在 T 中的合数至多 7 个。将下列 8 个五元子集作为抽屉：

$$\{2\times 59, 3\times 53, 5\times 47, 7\times 37, 11\times 23\},$$
$$\{2\times 53, 3\times 47, 5\times 43, 7\times 31, 11\times 19\}$$
$$\{2\times 47, 3\times 43, 5\times 41, 7\times 29, 13\times 19\}$$
$$\{2\times 43, 3\times 41, 5\times 37, 7\times 23, 13\times 17\}$$
$$\{2\times 41, 3\times 37, 5\times 31, 7\times 19, 11\times 17\}$$
$$\{2\times 37, 3\times 31, 5\times 29, 7\times 17, 11\times 13\}$$

$$\{2\times 31, 3\times 29, 5\times 23, 7\times 13, 11^2\}$$
$$\{2^2, 3^2, 5^2, 7^2, 13^2\}.$$

于是由(次品)抽屉原理知，这8个元之2集中至少有1个含在T中，当然两两互质，所以使T满足题中要求。

解3 将280个数写成14×20的数表，然后划掉2,3,5,7的倍数。

1	2	3	4	5	6	7	8	9	10	11	12	13	14	15	16	17	18	19	20
21	22	23	24	25	26	27	28	29	30	31	32	33	34	35	36	37	38	39	40
41	42	43	44	45	46	47	48	49	50	51	52	53	54	55	56	57	58	59	60
61	62	63	64	65	66	67	68	69	70	71	72	73	74	75	76	77	78	79	80
81	82	83	84	85	86	87	88	89	90	91	92	93	94	95	96	97	98	99	100
101	102	103	104	105	106	107	108	109	110	111	112	113	114	115	116	117	118	119	120
121	122	123	124	125	126	127	128	129	130	131	132	133	134	135	136	137	138	139	140
141	142	143	144	145	146	147	148	149	150	151	152	153	154	155	156	157	158	159	160
161	162	163	164	165	166	167	168	169	170	171	172	173	174	175	176	177	178	179	180
181	182	183	184	185	186	187	188	189	190	191	192	193	194	195	196	197	198	199	200
201	202	203	204	205	206	207	208	209	210	211	212	213	214	215	216	217	218	219	220
221	222	223	224	225	226	227	228	229	230	231	232	233	234	235	236	237	238	239	240
241	242	243	244	245	246	247	248	249	250	251	252	253	254	255	256	257	258	259	260
261	262	263	264	265	266	267	268	269	270	271	272	273	274	275	276	277	278	279	280

不难查出，共划掉216个数，像解1中一样，用抽屉原理可以证明，这个216元之集不满足题中要求。所以所求的最小自然数n不小于217。

再用分类讨论来证明 S 的任何一个 217 元子集 T 中都有 5 个数两两互质。不妨设 T 中至少 4 个质数，并仍使用解 1 中的符号 $M=PS$ 中的质数集 $\{U\{1\}$ 及结果 $|M|=60$ 和 S 中共有 220 个合数。

(1) 设 $|T\cap M|=4$。这时，设不在 T 中的质数从小到大排列为
$$p_1, p_2, p_3, p_4, p_5, p_6, p_7, p_8, p_9, p_{10}, \cdots$$
于是 $p_1 \le 11$, $p_2 \le 13$, $p_3 \le 17$, $p_4 \le 19$, $p_5 \le 23$。由于 $|T\cap M|=4$，故 T 中共有 213 个合数。又因 S 中共有 220 个合数，故这些合数中只有 7 个不在 T 中。而由上面讨论，下列 8 个合数：
$$p_1^2, p_1p_2, p_1p_3, p_1p_4, p_1p_5, p_2^2, p_2p_3, p_2p_4$$
都不超过 280，但至多 7 个不在 T 中，故仍有 1 个在 T 中。再加上 $T\cap M$ 中的 4 个数共 5 个数两两互质。

(2) 设 $|T\cap M|=3$。设不在 T 中的质数从小到大排列为
$$p_1, p_2, p_3, p_4, p_5, p_6, p_7, p_8, \cdots$$
于是 $p_1 \le 7$, $p_2 \le 11$, $p_3 \le 13$, $p_4 \le 17$, $p_5 \le 19$, $p_6 \le 23$, $p_7 \le 29$。这时 T 中共有 214 个合数。即 S 中的 220 个合数不在 T 中的只有 6 个。下列合数
$$\{p_1^2, p_2^2, p_3^2\}, \{p_3p_5, p_2p_6, p_1p_7\}, \{p_3p_4, p_2p_5, p_1p_6\}, \{p_2p_3, p_1p_4\}$$
都不超过 280，但至多 6 个不在 T 中。故由抽屉原理知必有一组中的两个数同在 T 中。再加上 $T\cap M$ 中的 3 个数共 5 个数两两互质。

(3) 设 $|T\cap M|=2$。将不在 T 中的质数排列如前，于是 $p_1 \le 5$, $p_2 \le 7$, $p_3 \le 11$, $p_4 \le 13$, $p_5 \le 17$, $p_6 \le 19$, $p_7 \le 23$, $p_8 \le 29$, $p_9 \le 31$, $p_{10} \le 37$。这时 T 中有 215 个合数，S 中的 220 个合数中至多 5 个不在 T 中。下列合数
$$\{p_1^2, p_2^2, p_3^2, p_4^2\}, \{p_1p_9, p_2p_8, p_3p_7, p_4p_6\}$$

$\{P_1P_8, P_2P_7, P_3P_6, P_4P_5\}$

这12个合数至少有7个在T中，由抽屉原理知有一个集合中有3个数在T中，这3个数加上$T\cap M$中的2个数共5个数两两互质。

(4) $|T\cap M|=1$. 这时，$P_1\le 3, P_2\le 5, P_3\le 7, P_4\le 11, P_5\le 13$, $P_6\le 17, P_7\le 19, P_8\le 23, P_9\le 29, P_{10}\le 31, P_{11}\le 37$. 则

$\{P_1^2, P_2^2, P_3^2, P_4^2, P_5^2\}$

$\{P_1P_{11}, P_2P_{10}, P_3P_9, P_4P_8, P_5P_7\}$

$\{P_1P_{10}, P_2P_9, P_3P_8, P_4P_7, P_5P_6\}$

中的15个合数中至多4个不在T中，即至少11个在T中。由抽屉原理知总存在一个集合中的4个数同在T中，这4个数加上$T\cap M$中的1个数共5个数两两互质。

(5) $T\cap M=\phi$. 这时T中的217个数全是合数，S中的220个合数只有3个不在T中。考虑下列两个集合

$\{2^2, 3^2, 5^2, 7^2, 11^2, 13^2\}$

$\{2\times 37, 3\times 31, 5\times 29, 7\times 23, 11\times 19, 13\times 17\}$

中总有1个集合中有5个数同在T中，这5个数两两互质。

综上可知，所求的最小自然数 $n=217$.

注 解3中分类比较详细，未免有些繁杂。其实，后面4种情况可以合在一起来证明。

(2') 设$|T\cap M|\le 3$，则T中至少有214个合数，至多有6个合数不在T中，再考察6个完全平方数

$$2^2, 3^2, 5^2, 7^2, 11^2, 13^2.$$

若其中有5个数在T中,则这5个数两两互质而满足题中要求;若其中有4个数在T中,则另两个不在T中,但不在T中的合数至多6个,去了这两个,其它合数不在T中的至多4个.于是 $p_1 \le 11, p_2 \le 13, p_3 \le 17, p_4 \le 19, p_5 \le 23$. 所以下列

$$p_1 p_2, p_1 p_3, p_1 p_4, p_1 p_5, p_2 p_3$$

这5个合数中至少1个在T中,与前面4个完全平方数一起共5个数两两互质.

若这6个完全平方数至多3个在T中,则另外至少3个不在T中,于是其它合数不在T中的至多3个. 考察下列两个6元集合:

$$\{2 \times 41, 3 \times 37, 5 \times 31, 7 \times 29, 11 \times 23, 13 \times 19\}$$
$$\{2 \times 37, 3 \times 31, 5 \times 29, 7 \times 23, 11 \times 19, 13 \times 17\}.$$

由于这12个合数中至多3个不在T中,故由抽屉原理知,两个集合的各6个合数中,有1个集合的6个数中至多1个不在T中.于是另外至少5个数在T中且两两互质.

注2 $M_2 \cup M_3 \cup M_5 \cup M_7$ 的元数还可按下列办法计算:S中2的倍数共140个,3的奇数倍共47个.

5的倍数中既不是2的倍数又不是3的倍数的数如下:

$5, 5^2, 5 \times 7, 5 \times 11, 5 \times 13, 5 \times 17, 5 \times 19, 5 \times 23, 5 \times 5^2, 5 \times 29,$
$5 \times 31, 5^2 \times 7, 5 \times 37, 5 \times 41, 5 \times 43, 5 \times 47, 5 \times 7^2, 5 \times 53, 5^2 \times 11.$

共19个. 而7的倍数但不是2,3,5倍数的数如下:

$7, 7^2, 7 \times 11, 7 \times 13, 7 \times 17, 7 \times 19, 7 \times 23, 7 \times 29, 7 \times 31, 7 \times 37$

共10个. 所以

$|M_2 \cup M_3 \cup M_5 \cup M_7| = 140 + 47 + 19 + 10 = 216.$

这样做也许会比爱氏筛法快一些。

注3 求5的所有倍数中既不是2的倍数又不是3的倍数的个数还可按如下方法：

① S中5的倍数共56个。

$\quad 5 \times k, \quad k = 1, 2, \cdots, 56.$

② 其中2的倍数28个，3的倍数18个，当然3的奇数倍的倍数9个。所以既不是2，又不是3的倍数的5的倍数共19个。

注4 参看手册252页2题。

10. 设 $M=\{2,3,\cdots,1000\}$，求最小自然数 n，使得 M 的任何一个 n 元子集中都存在 3 个互不相交的 4 元子集 S, T, U 满足下列 3 个条件：

(i) 对任何 $a, b \in S$，大数都是小数的倍数，集合 T, U 也具有同样的性质；

(ii) 对任何 $s \in S, t \in T$，都有 $(s, t) = 1$；

(iii) 对任何 $s \in S, u \in U$，都有 $(s, u) > 1$。(1996 年中国集训队选拔 3 题)

解 注意到 $37 \times 27 = 999$，令 $A = \{3, 5, \cdots, 37\}$ 且 $B = M - A$，于是 $|A| = 18$，$|B| = 981$ 且集合 B 不能同时满足 (i)—(iii)。

若不然，设 $s_1 < s_2 < s_3 < s_4$，$t_1 < t_2 < t_3 < t_4$。因为 $(s_4, t_4) = 1$，故二者之中至少有 1 个是奇数，不妨设 s_4 为奇数，于是 s_1, s_2, s_3 也都是奇数，所以有

$$s_4 \geq 3 s_3 \geq 9 s_2 \geq 27 s_1 \geq 27 \times 39 > 1000,$$

矛盾。由此可知，所求的最小自然数 n 不小于 982。

另一方面，考察下列数组

$\begin{cases} S_1 = \{3, 9, 27, 81, 243, 729\}, \\ T_1 = \{2, 4, 8, 16, 32, 64\}, \\ U_1 = \{6, 12, 24, 48, 96, 192\}; \end{cases}$ $\begin{cases} S_2 = \{5, 15, 45, 135, 405\}, \\ T_2 = \{41, 82, 164, 328, 656\}, \\ U_2 = \{10, 20, 40, 80, 160\}; \end{cases}$

$\begin{cases} S_3 = \{7, 21, 63, 189, 567\}, \\ T_3 = \{43, 86, 172, 344, 688\}, \\ U_3 = \{14, 28, 56, 112, 224\}; \end{cases}$ $\begin{cases} S_4 = \{11, 33, 99, 297, 891\}, \\ T_4 = \{47, 94, 188, 376, 752\}, \\ U_4 = \{22, 44, 88, 176, 352\}; \end{cases}$

$\begin{cases} S_5 = \{13, 39, 117, 351\}, \\ T_5 = \{53, 106, 212, 424\}, \\ U_5 = \{26, 52, 104, 208\}; \end{cases}$ $\begin{cases} S_6 = \{17, 51, 153, 459\}, \\ T_6 = \{59, 118, 236, 472\}, \\ U_6 = \{34, 68, 136, 272\}; \end{cases}$

$$\begin{cases} S_7 = \{19, 57, 171, 513\}, \\ T_7 = \{61, 122, 244, 488\}, \\ U_7 = \{38, 76, 152, 304\}; \end{cases} \begin{cases} S_8 = \{23, 69, 207, 621\}, \\ T_8 = \{67, 134, 268, 536\}, \\ U_8 = \{46, 92, 184, 368\}; \end{cases}$$

$$\begin{cases} S_9 = \{25, 75, 225, 675\}, \\ T_9 = \{71, 142, 284, 568\}, \\ U_9 = \{50, 100, 200, 400\}; \end{cases} \begin{cases} S_{10} = \{29, 87, 261, 783\}, \\ T_{10} = \{73, 146, 292, 584\}, \\ U_{10} = \{58, 116, 232, 464\}; \end{cases}$$

$$\begin{cases} S_{11} = \{31, 93, 279, 837\}, \\ T_{11} = \{79, 158, 316, 632\}, \\ U_{11} = \{62, 124, 248, 496\}; \end{cases} \begin{cases} S_{12} = \{35, 105, 315, 945\}, \\ T_{12} = \{83, 166, 332, 664\}, \\ U_{12} = \{70, 140, 280, 560\}; \end{cases}$$

$$\begin{cases} S_{13} = \{37, 111, 333, 999\}, \\ T_{13} = \{89, 178, 356, 712\}, \\ U_{13} = \{74, 148, 296, 592\}. \end{cases}$$

将同一组中 S_i、T_i、U_i 中序号相同的3个数组成一个"三元组"，共得到57个三元组。对于 M 的任何一个982元子集 B，只有 M 中的17个元素不在 B 中，故至少有40个三元组含于 B 中。这40个三元组分别属于上列的13个大组。由抽屉原理知必有4个三元组在同一大组中。将这4个三元组按大组中的排位写成 3×4 的表格，将3行中每行4个数分别记为 S、T、U 即满足题中要求。

综上可知，所求的最小自然数为982。

11. 在面积为1的矩形ABCD中(包括边界)有5个点，其中任意3点都不共线，求以这5个点为顶点的三角形中，面积不大于 $\frac{1}{4}$ 的三角形的个数的最小值。（2005年中国数学奥林匹克五题）

解 设矩形ABCD的4边AB、BC、CD、DA的中点分别为E、F、G、H，连接EG和FH，于是4个矩形ABFH、EBCG、HFCD和AEGD的面积都是 $\frac{1}{2}$。显然，如果这4个矩形之一中有3个点，则以这3点为顶点的三角形的面积不大于 $\frac{1}{4}$。如果以5个给定点中3点为顶点的三角形的面积不大于 $\frac{1}{4}$，则称这3点为一个"好三点组"，简称"好组"。 从好图形入手造抽屉

以上述4个矩形为4个抽屉，则这4个抽屉恰好将矩形ABCD覆盖了两次(边界除外)。所以，每个给定点恰属于两个抽屉(边界上的给定点至多不少)。故4个抽屉中共有10个给定点。若有一个抽屉中至少有4个给定点，则至少4个好组；若任何一个抽屉中至多3点，则必有两个抽屉中各有3个给定点，从而至少两个好组。

若这仅有的两个好组是同一个，则这3点均在同一个小矩形中，而另两个给定点在相对的小矩形中。不妨设 □AEOH 中有3点，□OFCG 中有两点，当然，5点全在六边形AEFCGH中，对角线AC将之分成全等的两部分，面积均为 $\frac{1}{2}$。由抽屉原理知，两个梯形中必有一个中含有3点，以它们为顶点的三角形的面积不大于 $\frac{1}{4}$，即这3点为"好组"。若与前一好组不同，则得到两个好组；若与5点都相同，则3点只能位 (这唯一的好组)

于△AOH而另两点在△OFC中，这样，5个给定点全在面积为 $\frac{1}{2}$ 的平行四边形AFCH中，10个三角形的面积全都不大于 $\frac{1}{4}$。

综合起来知，至少有两个不同的"好组"。

另一方面，我们来构造一个只有两个好组的例子。在矩形ABCD 的边AD和AB上各取一点M、N，使得AM:MD = AN:NB = 2:3。

考察M、N、B、C、D 5点，以这5点为顶点的10个三角形中，

$S_{\triangle BCD} = S_{\triangle BCM} = S_{\triangle CDN} = \frac{1}{2}$;

$S_{\triangle DNB} = S_{\triangle CNB} = S_{\triangle CDM}$
$= S_{\triangle BDM} = \frac{3}{10} > \frac{1}{4}$;

$\because S_{ANCM} = \frac{2}{5}$, $S_{\triangle ANM} = \frac{4}{50}$, $\therefore S_{\triangle CMN} = \frac{16}{50} > \frac{1}{4}$.

$S_{\triangle DMN} = S_{\triangle BMN} = \frac{6}{50} < \frac{1}{4}$.

可见，这5点中的好组恰有两个。

综上可知，所求的最小值为2.

12. 在半径为1的圆周上，任意给定两个点集A和B，它们都由有限段互不相交的弧段组成，其中B的每段弧的长度都等于 $\frac{\pi}{m}$，$m \in N^*$。用 A^j 表示将集合A沿逆时针方向在圆周上旋转 $\frac{j\pi}{m}$ 弧度所得的集合，$j=1,2,\cdots$。求证存在 $k \in N^*$，使得
$$\ell(A^k \cap B) \geq \frac{1}{2\pi}\ell(A)\ell(B)$$
其中 $\ell(X)$ 表示组成点集X的互不相交的弧段的长度之和。

（1989年中国数学奥林匹克）

证 我们把圆周上的点集E沿顺时针方向旋转 $\frac{j\pi}{m}$ 弧度所得到的点集记为 E^{-j}，于是有 $\ell(A^j \cap B) = \ell(A \cap B^{-j})$。

设 $b_1, b_2, \cdots, b_n$ 是组成集合B的所有弧段。由于它们两两不交且每段的长度都是 $\frac{\pi}{m}$，故有

$$\sum_{j=1}^{2m}\ell(A^j \cap B) = \sum_{j=1}^{2m}\ell(A \cap B^{-j}) = \sum_{j=1}^{2m}\ell(A \cap (\bigcup_{i=1}^{n}b_i^{-j}))$$

$$= \sum_{j=1}^{2m}\sum_{i=1}^{n}\ell(A \cap b_i^{-j}) = \sum_{i=1}^{n}\sum_{j=1}^{2m}\ell(A \cap b_i^{-j})$$

$$= \sum_{i=1}^{n}\ell(A \cap (\bigcup_{j=1}^{2m}b_i^{-j})). \qquad ①$$

因为 $\ell(b_i) = \frac{\pi}{m}$，所以 $\bigcup_{j=1}^{2m}b_i^{-j}$ 恰为整个圆周，从而有

$$\ell(A \cap (\bigcup_{j=1}^{2m}b_i^{-j})) = \ell(A). \qquad ②$$

将②代入①式，得到

$$\sum_{j=1}^{2m}\ell(A^j \cap B) = n\ell(A). \qquad ③$$

按重叠原理，由③便得知至少存在一个k，$1 \leq k \leq 2m$，使得
$$l(A^k \cap B) \geq \frac{n}{2m} l(A) = \frac{1}{2\pi} l(A) l(B).$$

13. 设 $S \subseteq \{1,2,\cdots,2002\}$, 对任意 $a,b \in S$ (a 和 b 可以相同), 总有 $ab \notin S$. 求 $|S|$ 的最大值. (2004年中国国家队培训题26题)

解 因为 $45^2 = 2025 \notin S$, 所以集 $S_1 = \{45, 46, \cdots, 2002\}$ 满足题中要求且 $|S_1| = 1958$. 故所求的 $|S|$ 的最大值不小于 1958.

另一方面, 因为
$$1 \times 2002 = 2002, \quad 2 \times 1000 = 2000, \quad 3 \times 666 = 1998, \quad 4 \times 499 = 1996,$$
$$5 \times 399 = 1995, \quad 6 \times 332 = 1992,$$

【从极端组合入手造抽屉】

所以下列 44 个子集:
$$\{1, 2002\}, \{2, 1000, 2000\}, \{3, 666, 1998\}, \{4, 499, 1996\}$$
$$\{5, 399, 1995\}, \{6, 332, 1992\}$$
$$\{i, i^2\}, \quad i = 7, 8, \cdots, 44$$

中, 每个子集中至少一个元素不在 S 中, 而这 44 个集又互不相交, 故 $\{1,2,\cdots,2002\}$ 中必有 44 个元素不在 S 中. 所以 S 中至多有 1958 个元素, 即 $|S| \le 1958$.

综上可知, 满足题中要求的 S 中最多有 1958 个元素, 即 $|S|$ 的最大值为 1958.

九 字典排列法与轮换排列法(一)

字典排列法和轮换排列法是民间举例快,又是很少有,既技巧性强,又易于掌握的两种构造法。对于许多令人眼花缭乱,荒寒的急切之间难以理出头绪的组合问题,若能恰当地运用字典排列法或轮换排列法,往往能使问题得到顺利解决。不但行之有效,有时还能出奇制胜。

当然,这两种构造法与其他许多奇妙的方法一样,都不是万能的。但是运用范围是相当广泛的。

1. (1) 在 7×7 的正方形方格表中,将 R 个方格的中心涂成红点,使得任何 4 个红点都不是一个边平行于网格线的矩形的 4 个顶点,求 R 的最大值。

(2) 对于 13×13 的正方形方格表,求解同样的问题。

(1975年全苏数学奥林匹克)

解 (1) 设方格表中第 i 行格有 x_i 个红点,于是有 $x_1+x_2+\cdots+x_7=R$。

按已知,如果在某行中有两个红点,那末在其余各行中都不能再有两个红点与前两个红点分别同列。这意味着 7 行中每行的红点对所在的列各不相同。由于每行有 7 个方格,故红点对在 7 列中分布的"列足对"只有 $C_7^2=21$ 种不同。从而有

$$C_{x_1}^2+C_{x_2}^2+\cdots+C_{x_7}^2\leq 21,$$
$$(x_1^2+x_2^2+\cdots+x_7^2)-(x_1+x_2+\cdots+x_7)\leq 42,$$
$$42+R\geq x_1^2+x_2^2+\cdots+x_7^2.$$

①

对于①式右端，由柯西不等式有
$$x_1^2+x_2^2+\cdots+x_7^2 \geq \frac{1}{7}(x_1+x_2+\cdots+x_7)^2 = \frac{1}{7}k^2.$$ ②

将②代入①，得到一元二次不等式
$$k^2-7k-7\times 42 \leq 0.$$ ③

解得
$$k = \frac{7\pm\sqrt{7^2+7^2\times 24}}{2} = \frac{7\pm 35}{2}.$$

故n表中至多有21个红点.

另一方面，由字典排列法和轮换排列法可分别标出21个红点如右图所示，其中任何4个红点都不是一个边平行于网格线的矩形的4个顶点.

综上可知，在7×7的方格表中最多有21个红点.

(2) 在13×13的方格表中，类似地有
$$x_1+x_2+\cdots+x_{13} = k,$$
$$C_{x_1}^2+C_{x_2}^2+\cdots+C_{x_{13}}^2 \leq 78.$$ ④
$$k^2-13k-13^2\times 12 \leq 0.$$ ⑤
$$k = \frac{13\pm 13\times 7}{2}.$$

所以13×13的方格表中至多有52个红点.

另一方面，当k=52时，⑤式以及④式中等号成立，因而应有 $x_1=x_2=\cdots=x_{13}=4$，即每行恰有4个红点. 于是按字典排列法和轮换排列法可分别画出52个红点如下图所示. 其中任何4个红点都不是一个边平行于网格线的矩形的4个顶点.

综上可知，在13×13方格表中，最多有52个红点.

不难看出，在穷举排列法与轮换排列法都可以使用的情况下，往往是轮换排列法更简捷一些，因为它的规律性更强一些。

2. 将上题中的方格表换成 10×10 的方格表,求解同样的问题.

解 从轮换排列法知共 52 个红点的 13×13 的方格表中划去 3 行 3 列如右图所示,余下的 10×10 数表中还有 34 个红点,其中任何 4 个红点都不是一个边平行于网格线的矩形的 4 个顶点,故知所求的 n 的最大值不小于 34.

另一方面,当 10×10 的方格表中有 35 个红点时,由抽屉原理知必有一行中至少有 4 个红点,不妨设第 1 行前 4 方格中心为红点而且只有这 4 个红点.若这 35 个红点中的任何 4 个红点都不是一个边平行于网格线的矩形的 4 个顶点,则后 9 行中前 4 列的每 4 个方格中,每行至多 1 个红点.于是当划去前 4 列和第 1 行的所有红点之后,得到一个 9×6 方格表,其中至少有 22 个红点,显然,这 22 个红点至少可以构成 $3\times 4+1\times 5=17$ 个红点对,但 6 列仅可组成 15 个不同的"列对",由抽屉原理知总有两个红点对所在的列分别相同,即可组成一个边平行于网格线的矩形的 4 个顶点,矛盾.

综上所知,所求的 n 的最大值为 34.

3. 某国共有21个城市，由若干家航空公司担负它们之间的空运业务。每一家航空公司都在5个城市两两之间设有直达航线（不着陆直达且在两个城市之间可以有多家航空公司开设航线），而两个城市之间至少有1个直达航线。至少要有多少家航空公司？（1988年全苏数学奥林匹克）

解 首先，为使这个国家有一个满足题中要求的航空网，每两个城市之间至少有1个航班，全国至少有 $C_{21}^2 = 210$ 个航班。每个公司开设10个航班，至少应有21家航空公司。

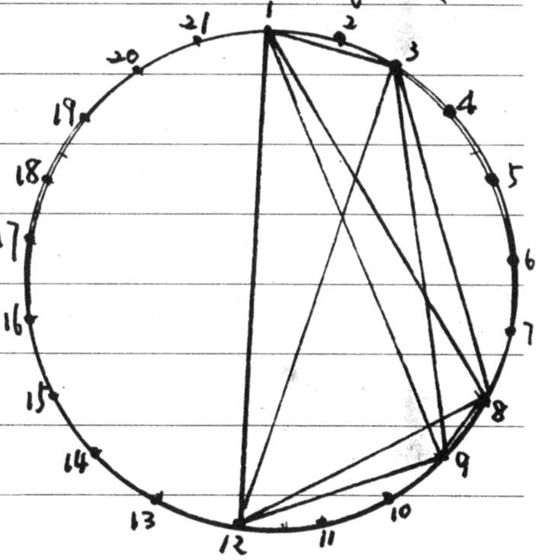

右图中我们将21个城市用圆周上的21个等分点来代表。图中画出的 $1,3,8,9,12$ 等5点之间的连线表示第1家航空公司的航线示意图。这样取5个城市时，处在于5点间的10条连线的长度（用所对弧的长度来表示）分别为 $1,2,3,4,5,6,7,8,9,10$。其中任何两条线段不等且10种长度的连线各有1条。故将每个弧轮换所得出另外20家公司的弧线组时，所得的210条连线无一重复，刚好是每两个城市之间有一条直达航线。

所以，至少有21家航空公司。

解2 按字典排列法写出21家航空公司中每个公司所经营的5个城市的号码，使得任意两组号码中恰有1个号码相同。因而他们所开设的210条航线各不相同，这就保证了210条航线恰好是每两个城市之间各有1条。具体编排如下：

(1,2,3,4,5) (1,6,7,8,9) (1,10,11,12,13)
(1,14,15,16,17) (1,18,19,20,21) (2,6,10,14,18)
(2,7,11,15,19) (2,8,12,16,20) (2,9,13,17,21)
(3,6,11,16,21) (3,7,10,17,20) (3,8,13,14,19)
(3,9,12,15,18) (4,6,12,17,19) (4,7,13,16,18)
(4,8,10,15,21) (4,9,11,14,20) (5,6,13,15,20)
(5,7,12,14,21) (5,8,11,17,18) (5,9,10,16,19).

可见，最少要有21家航空公司。

4 在一次排球单循环赛结束之后发现，对于其中任何两队，都有在第3队战胜了前两队。问最少有多少个队参加比赛？

解 任取两队A和B，不妨设B胜A，记为B>A。按题意有C队，使得C>A，C>B。对于A和C两队，又有D，使得D>A，D>C。因为C胜B，所以C≠B。又因D>C>B，所以D、C、B3队互不相同。所以A队至少负3场，同理可知，每队都至少负3场。

这样一来，n支参赛队共负至少3n场，易知比赛共赛3n场，由抽屉原理知必有一队A至少胜3场，从而A队至少赛6场，于是n≥7。

另一方面，用轮换排列法可以写出7个3元子集，且分别被7人战胜：
7胜{1,2,4}，1胜{2,3,5}，2胜{3,4,6}，
3胜{4,5,7}，4胜{5,6,1}，5胜{6,7,2}，
6胜{7,1,3}。

注意，上述7个3元子集两两之间恰有1个公共元素，每个3元子集含3个二元子集且共含21个二元子集互不相同，恰是7个队必能组成的二元子集21个，所以满足题中要求。

综上可知，最少有7个队参加比赛。

注 用字典排列法可以写出下列7个三元子集：
{1,2,3} {1,4,5} {1,6,7} {2,4,6}
{2,5,7} {3,4,7} {3,5,6}

其中任何两个三元子集恰有1个公共元素。下面适当安排7人顺序，使每人都战胜一个三元子集中的3人，恰满足题中条件。注意，与上面论述的排列不同。

同时足、字典排列时以迴旋余地较大,有多种不同的安排:

(1) 4配{1,2,3},7配{1,4,5},2配{1,6,7},5配{2,4,6},3配{2,5,7},6配{3,4,7},1配{3,5,6};

(2) 4配{1,2,3},6配{1,4,5},3配{1,6,7},7配{2,4,6},1配{2,5,7},5配{3,4,7},2配{3,5,6};

(3) 5配{1,2,3},6配{1,4,5},2配{1,6,7},3配{2,4,6},4配{2,5,7},1配{3,4,7},7配{3,5,6};

(4) 5配{1,2,3},7配{1,4,5},3配{1,6,7},1配{2,4,6},6配{2,5,7},2配{3,4,7},4配{3,5,6};

(5) 6配{1,2,3},3配{1,4,5},4配{1,6,7},5配{2,4,6},1配{2,5,7},2配{3,4,7},7配{3,5,6};

(6) 6配{1,2,3},2配{1,4,5},5配{1,6,7},7配{2,4,6},3配{2,5,7},1配{3,4,7},4配{3,5,6};

(7) 7配{1,2,3},2配{1,4,5},4配{1,6,7},3配{2,4,6},6配{2,5,7},5配{3,4,7},1配{3,5,6};

(8) 7配{1,2,3},3配{1,4,5},5配{1,6,7},1配{2,4,6},4配{2,5,7},6配{3,4,7},2配{3,5,6}。

注2 轮换排列时中7个三元子集外的7个数不必轮换,故可再写出7个例子,对于{5,6,7}{1,2,5}{3,4,5}{1,3,6}{2,4,6}{1,4,7}{2,3,7}也可写出8个例子。

5. 某市的公共汽车线路网是按照下列条例来排的：

(i) 由任何一个车站都可以不用换乘而直接抵达任何另一个车站；

(ii) 任何两条线路都恰有一个公用车站，可以由它进行换乘；

(iii) 每条线路都恰有3个车站。

问该市共有多少条公共汽车线路？　（1946年莫斯科数学奥林匹克）

解　任取一个车站A，设经过车站A的线路共有n条，则由(ii)知这n条线路上除A之外的另外2n个车站互不相同。在由A发出的两条不同线路上各取一个车站B和C，于是A、B、C 3个车站不在同一条线路上。由(i)和(iii)知B和C在某条线路上且这条线路上还有另一个车站$D \neq A$。将这条线路记为ℓ。由(ii)知经过点A的n条线路中每条都与线路ℓ有1个公共车站且A不在ℓ上。所以前面n条线路与ℓ的公共车站互不相同且过(A,B)、(A,C)、(A,D)各有1条线路。所以$n=3$。由此可知，该市中的不同车站的个数为 $m = n(n-1)+1 = 7$。

每个车站都在3条线路上，7个车站共有21条线路（有重复），又因(iii)所以在上述计算中每条线路恰被计算了3次，所以不同线路共7条。

将7个车站编号为1, 2, …, 7，于是按字典排列法或轮换排列法可分别写出7条线路为

$\{1,2,3\}$, $\{1,4,5\}$, $\{1,6,7\}$, $\{2,4,6\}$, $\{2,5,7\}$,
$\{3,4,7\}$, $\{3,5,6\}$;

$\{1,2,4\}$, $\{2,3,5\}$, $\{3,4,6\}$, $\{4,5,7\}$, $\{5,6,1\}$,
$\{6,7,2\}$, $\{7,1,3\}$。

综上所知，全市共有7条不同的公共汽车线路。

6. 设 S 是由次都是 0 或 1 的所有 7次数列 $\{x_1, x_2, \cdots, x_7\}$ 构成的集合。S 中的两个元素 $\{a_1, a_2, \cdots, a_7\}$ 和 $\{b_1, b_2, \cdots, b_7\}$ 的距离定义为
$$\sum_{i=1}^{7}|a_i - b_i|.$$

T 为 S 的子集，其中任何两个元素的距离都不小于 3，求证 T 中最多有 16 个元素。   （1988年IMO候选题）

证 若 $|T| \geq 17$，则由于每项 x_i 都只有 0 和 1 两个不同值，故不同的 (x_1, x_2, x_3) 只有 8 种，于是由抽屉原理知 T 中必有 3 个数列的前 3 次相同。考察这 3 个数列的后 4 次，写成 3×4 数表：

$$a_4, a_5, a_6, a_7$$
$$b_4, b_5, b_6, b_7$$
$$c_4, c_5, c_6, c_7$$

由抽屉原理知，上述数表中每列的 3 个数都有两数相同。但不同的行只有 3 个。故再由抽屉原理又知 3 行中必有两行，其 4 次中至少有两次相同。从而原来的两个 7 次数列至少 5 次相同，距离至多为 2，矛盾。

另一方面，按字典排列法可以构造下列 8 个 7 次数列：

$(0,0,0,0,0,0,0)$，$(1,1,1,0,0,0,0)$，
$(1,0,0,1,1,0,0)$，$(1,0,0,0,0,1,1)$，
$(0,1,0,1,0,1,0)$，$(0,1,0,0,1,0,1)$，
$(0,0,1,1,0,0,1)$，$(0,0,1,0,1,1,0)$。

再加上这 8 个 7 次数列的补数列共 16 个 7 次数列满足题中要求。

综上所知，T 中最多有 16 个元素。

证2 若T中至少有17个元素，即有17个由项都是0或1的7次数列，则由抽屉原理至少有9个数列的第1次相同。去掉第1次，得到9个6次数列，每次都是0和1，且两两数列的距离都不小于3。同理可得5个5次数列，两两之间的距离都不小于3。再进一步，又有3个4次数列，每次都是0和1，两两个数列的距离都不小于3。此不可能。

实际上，设有两个4次数列的距离不小于3。于是二者之间至少有3对时在次相异。只有这3次，第3个数列的号码相同的3次必与前两个数列之一有两次相同。所以二者之间的距离不大于2。矛盾。

另一方面，按轮换排列是可以写出下列8个7次数列：

(0,0,0,0,0,0,0)   (1,1,0,1,0,0,0)
(0,1,1,0,1,0,0)   (0,0,1,1,0,1,0)
(0,0,0,1,1,0,1)   (1,0,0,0,1,1,0)
(0,1,0,0,0,1,1)   (1,0,1,0,0,0,1)

加上这8个7次数列的补数列：

(1,1,1,1,1,1,1)   (0,0,1,0,1,1,1)
(1,0,0,1,0,1,1)   (1,1,0,0,1,0,1)
(1,1,1,0,0,1,0)   (0,1,1,1,0,0,1)
(1,0,1,1,1,0,0)   (0,1,0,1,1,1,0)

共16个数列且两个数列的距离都为3、4或7。当然满足题中要求。

综上可知，T中最多有16个元素。

※7 10人到书店去买书，满足条件：

(i) 每人都买了3种书；

(ii) 每两人所买的书中都至少有1种相同。

问购买人数最多的一种书，最少有几人购买？说明理由。

解1 固定其中一人A。　　　(1993年中国数学奥林匹克5题)

由已知A共买了3种书，编号为1、2、3。于是由(ii)知，其余9人中每人都至少买了1、2、3这3种书之一。9人至少买了9种，由抽屉原理知下列两种情形之一成立：

(1) 包括A在内至少5人买了同一种书；

(2) 1、2、3这3种书，每种书都恰有4人购买(包括A在内)。

上面对于A进行的讨论，对于另外9人中每人也是如此。如果10人中有1人是(1)的情形，则有一种书至少有5人买。如果10人中每人都是(2)的情形，则每种书都恰有4人购买。因此，10人买书的总数应是4的倍数。但是另一方面，每人买3种书，10人共买30种书，而30不是4的倍数，矛盾。所以必有一种书至少有5人买。

按字典排列法可以写出7个三元组，每两组之间恰有1个公共元素：

$\{1,2,3\} \{1,4,5\} \{1,6,7\} \{2,4,6\} \{2,5,7\}$
$\{3,4,7\} \{3,5,6\}$。

尽管这里只有7组，尚不足10组，但每个元素均出现3次，还有两次出现三次，所以再将$\{1,2,3\}\{1,4,5\}\{3,5,6\}$各重复一次即可。

综上所述，购买人数最多的一种书，最少有5人购买。

注 按轮换排列法可以写出7组：
$\{1,2,4\}\{2,3,5\}\{3,4,6\}\{4,5,7\}\{5,6,1\}$
$\{6,7,2\}\{7,1,3\}$.

再将$\{1,2,4\}\{2,3,5\}\{7,1,3\}$各重复一次，以得出10个三元组即表明，这种情况下，购买人数最多的一种书有5人买。

解2 由已知(i)，每人买3种书，10人共买30种书(包括重复). 若此买出不同种书至多7种，则由抽屉原理知有一种书至少有5人买；若此买出不同种书至少8种，则由"反"抽屉原理知有一种书至多有3人买. 设第1种书至多3人买且A是其中之一，再设A买出3种书为1,2,3. 于是没买1的至少7人中，每人都至少买2,3两种书之一. 由抽屉原理又知2和3两种书中，必有一种至少4人买，加上A至少有5人买。所以总有一种书有5人买.

另一方面，设10人共买了6种不同的书. 按字典排列法可以写出：
$\{1,2,3\}\{1,4,5\}\{2,4,6\}\{3,5,6\}$.

将4组各重复一次，得到8个三元组. 但这时每个数恰出现4次. 最后两个三元组中，$\{1,2,3,4,5,6\}$各恰出现一次. 于是两个三元组没有公共元，不满足要求. 但修改之后可以满足要求，例如将选择一个$\{3,5,6\}$而加上

$\{1,5,6\}\{2,3,5\}\{3,4,6\}$
$\{1,3,6\}\{2,5,6\}\{3,4,5\}$

之一组均可.

综上知，购买人数最多的一种书，最少有5人买.

注 对于共有6种书的情况，也可用轮换排列法修改而成：
$\{1,2,4\}\{2,3,5\}\{3,4,6\}\{4,5,1\}\{5,6,2\}\{6,1,3\}$.
若将前4组室各一次，则有6个4，不行！而且任何4组室各一次都不行。
但可稍加修改而成4组为
$\{1,2,6\}\{2,3,5\}\{3,4,6\}\{4,5,1\}$.
这10组中每个数恰土现5次，满足题中要求。
而且这种修改法显然不是唯一的。例如下列10组也满足要求：
$\{1,2,4\}\{2,3,5\}\{3,4,6\}\{4,5,1\}\{5,6,2\}$
$\{6,1,3\}\{1,2,4\}\{2,3,5\}\{3,4,6\}\{5,6,1\}$.

还有借助几何图形的轮换排列法：
$\{1,2,3\}\quad\{2,4,5\}$
$\{1,3,4\}\quad\{3,5,6\}$
$\{1,4,5\}\quad\{4,6,2\}$
$\{1,5,6\}\quad\{5,2,3\}$
$\{1,6,2\}\quad\{6,3,4\}$

8. 设平面上有 n 个凸四边形，每两个四边形至多有 1 个公共顶点，每个顶点恰为 4 个四边形的公共顶点，求 n 所有可能值。

(1997年集训队测验题)

解 由已知，每两个四边形至多 1 个公共顶点，每个顶点恰为 4 个四边形的公共顶点。设点 A 是 4 个四边形的公共顶点，于是除点 A 之外，每个四边形还有 3 个顶点共 12 个顶点互不相同，所以至少有 13 个不同顶点。

当 $n \geq 13$ 时，将一个圆周 n 等分，并将 $1, 2, \cdots, n$ 表示 n 个分点。考虑四数组 $\{1,2,5,7\}$，并将它轮换如下：

$$\{1,2,5,7\}\{2,3,6,8\}\{3,4,7,9\}\{4,5,8,10\}\{5,6,9,11\}\cdots$$
$$\cdots\{n-1,n,3,5\}\{n,1,4,6\}.$$

共得到 n 个四点组，每两组至多 1 个公共元，每个数恰出现 4 次，以每组号码所代表的 4 点为顶点作一个四边形，即得满足要求的 n 个四边形。

可见，满足要求的 n 值为 $n \geq 13$。例如，当 $n=16$ 时为
$\{1,2,5,7\}\{2,3,6,8\}\{3,4,7,9\}\{4,5,8,10\}$
$\{5,6,9,11\}\{6,7,10,12\}\{7,8,11,13\}\{8,9,12,14\}$
$\{9,10,13,15\}\{10,11,14,16\}\{11,12,15,1\}\{12,13,16,2\}$
$\{13,14,1,3\}\{14,15,2,4\}\{15,16,3,5\}\{16,1,4,6\}.$

9. 给定11个集合 $M_1, M_2, \cdots, M_{11}$ 满足条件：

(i) $|M_i|=5$，$i=1,2,\cdots,11$；

(ii) $M_i\cap M_j\neq\Phi$，$1\leq i<j\leq 11$.

求这些集合中交集非空的最大集合数的最小可能值.

(1994年男9尼亚选拔考试题)(1996年中国集训队测验题)

解1 由(i)知，每个集合都有5个元素，11个集合共有55个元素，若其中不同元素至多18个，则由抽屉原理知必有一个元素至少属于4个不同集合。若其中至少有19个不同元素，由抽屉原理又知必有一个元素至多属于两个不同集合，设元素1至多属于两个集合且 $A=\{1,2,3,4,5\}$ 是其中之一. 于是不含1的另外9个集合均含2,3,4,5之一. 由抽屉原理知另9个集合中必有3个集合含有2,3,4,5之同一个数. 加上集A共4个集合交集非空. 故知所求的最小可能值不小于4.

另一方面，由字典排列法可以写出：

$\{1,2,3,4,5\}$ $\{1,6,7,8,9\}$ $\{2,6,10,11,12\}$

$\{3,7,10,13,14\}$ $\{4,8,11,13,15\}$ $\{5,9,12,14,15\}$

6个集合中共出现15个不同元素，每个元素恰属于两个集合.

$\{1,10,15,16,17\}$ $\{2,8,14,16,18\}$ $\{3,9,11,17,18\}$

$\{4,7,12,16,18\}$ $\{5,6,13,17,18\}$

易见，这11个5元集合满足(ii)且除18属于4集之外，其他元素均属于3个集合.

综上可知，所求的最小可能值为4.

解2 设 $M_1=\{1,2,3,4,5\}$，由条件(ii)知另10个集合中每个都至少含1,2,3,4,5之一，于是由抽屉原理知下列两条之一成立：

(1) 1,2,3,4,5中每个元素都恰属于11个集合中的3个集合；

(2) 1,2,3,4,5中之一至少属于11个集中的4个。

对于M_1是如此，对于另10个集合中的每个也是如此。若11个集合都出现第1种情况，则每个元素都恰属于3个集合，所以11个集合的元素总数应为3的倍数。但11个集合共55个元素不是3的倍数。矛盾。所以至少有1个集合属于第2种情况，从而知所求的最小可能值不小于4。

另一方面，由轮换排列法可以写出11个5元子集如下：

$\{1,3,8,9,12\}\{2,4,9,10,13\}\{3,5,10,11,14\}\{4,6,11,12,15\}$
$\{5,7,12,13,16\}\{6,8,13,14,17\}\{7,9,14,15,18\}\{8,10,15,16,19\}$
$\{9,11,16,17,20\}\{10,12,17,18,21\}\{11,13,18,19,1\}$.

也可改写为

$\{1,3,8,9,12\}\{2,4,9,10,13\}\{3,5,10,11,14\}\{4,6,11,12,15\}$
$\{5,7,12,13,16\}\{6,8,13,14,1\}\{7,9,14,15,2\}\{8,10,15,16,3\}$
$\{9,11,16,1,4\}\{10,12,1,2,5\}\{11,13,2,3,6\}$.

显然，两组集合均满足条件(i)和(ii)且每个元素最多属于4个集合。

综上可知，所求的最小可能值为4。

注 例子还可按字典排列法写出：

$\{1,2,3,4,5\}\{1,6,7,8,9\}\{1,10,11,12,13\}\{1,14,15,16,17\}$
$\{2,6,10,14,17\}\{2,7,11,13,15\}\{2,8,9,12,16\}\{3,6,11,16,17\}$
$\{3,7,10,12,15\}\{4,6,12,13,14\}\{5,7,13,16,17\}$.

也可以按轮换排列法写出：
{1,2,5,7,14} {2,3,6,8,14} {3,4,7,9,14} {4,5,8,10,14}
{5,6,9,11,15} {6,7,10,12,15} {7,8,11,13,15} {8,9,12,1,15}
{9,10,13,2,16} {10,11,1,3,16} {11,12,2,4,16}.

按轮换排列法还可写出：
{1,2,5,7,12} {2,3,6,8,12} {3,4,7,9,12} {4,5,8,10,12}
{5,6,9,11,13} {6,7,10,1,13} {7,8,11,2,13} {8,9,1,3,13}
{9,10,2,4,14} {10,11,3,5,14} {11,1,4,6,14}.

还有借助五角星形的轮换排列法：
(1) 角端上5点为一集，共5个；

(2) 直圆上5点为一集，轮换后共5个；

(3) 外接圆上5个角点为一集。

共11个集合满足条件(i)和(ii)且每点至多属于4个集合。

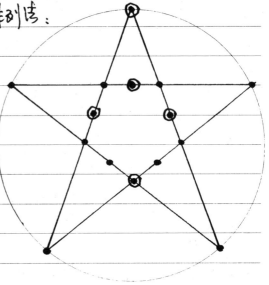

10. 两个完全一样的齿轮先合在一起，两个齿轮都有n个齿。当任意切掉两个齿轮叠合处的5对齿后，还可以绕两轮的公共轴旋转一个齿轮，使得旋转后的两个齿轮的投影是一个完整的齿轮，求n的所有可能值。

解 (1) 当 $n=21$ 时，去掉 1、3、8、9、12 这5对齿时，依次旋转上面的齿轮，去掉5个齿的位置分别是

$\{1,3,8,9,12\}$ $\{2,4,9,10,13\}$ $\{3,5,10,11,14\}$ $\{4,6,11,12,15\}$
$\{5,7,12,13,16\}$ $\{6,8,13,14,17\}$ $\{7,9,14,15,18\}$ $\{8,10,15,16,19\}$
$\{9,11,16,17,20\}$ $\{10,12,17,18,21\}$ $\{11,13,18,19,1\}$ $\{12,14,19,20,2\}$
$\{13,15,20,21,3\}$ $\{14,16,21,1,4\}$ $\{15,17,1,2,5\}$ $\{16,18,2,3,6\}$
$\{17,19,3,4,7\}$ $\{18,20,4,5,8\}$ $\{19,21,5,6,9\}$ $\{20,1,6,7,10\}$
$\{21,2,7,8,11\}$

这21个5元子集中每两个恰有1个公共元，即缺齿对缺齿，投影不能构成完整齿轮。所以 $n=21$ 不满足要求。

(2) 当 $n \geq 22$ 时，共有21个不同差值（两齿号码之差），而去掉5对齿的5个号码之差值也有20个，必有1个差值缺失到，从而旋转角度时这5个差值时，投影为一个完整齿轮。所以 $n \geq 22$ 满足题中要求。

(3) 当 $n=20$ 时，任选5个号码，按奇偶性分类，共有6种：①5奇；②4奇1偶；③3奇2偶；④2奇3偶；⑤1奇4偶；⑥5偶。5个号码两两之差共10个，其中偶数个数可能是10、6、4之一，奇数个数为0、4、6之一，再用20-减，偶数个数为20、12、8之一，奇数个数为0、8、12之一，奇偶数至少有一种不到9个，当必有1个数差不能被20个差值取到，从而旋转某个位置时，投影即为完整齿轮。所以 $n=20$ 满足要求。

(4) 当 n<10 时,显然不能满足要求.

(5) 当 10≤n≤19 时,切掉号码为 {1,3,6,9,10} 的5对齿,这5个号码的间距之差为 2,5,8,9,3,6,7,3,4,1. 由此可知当下轮固定,上轮旋转时,无论旋到哪个位置,总有一对切掉齿的位置叠在一起,所以投影无法构成完整齿轮. 所以 10≤n≤19 时, n不满足题中要求.

综上可知,满足题中要求的所有n值为 {20}∪{n | n=22,23,…}.

注 因为 {1,3,8,9,12} 的10个底数差分别为 2,7,8,11,5,6,9,1,4,3,所以当 12≤n≤19 时, n不满足要求.

当 10≤n≤11 时,只要切掉4对齿就不行了. 例如切掉编号为 {1,2,5,7} 的4对齿,就导致无论旋转到哪个位置,投影都不会是一个完整的齿轮.

这段论证事实上可以代替(5)中的论证. 而(5)中的论证之所以切掉 {1,3,6,9,10} 5对齿,只是为了对 10≤n≤19 进行统一的论证.

否则,其仍然使用 {1,3,8,9,12},则当 n=10 或 11 时,没有第12对齿可切了. 当然是个疏漏.

※11 17名球迷计划去韩国观看世界杯足球赛，他们共选定17场球赛，预订门票的情况满足下列条件：

(i) 每人每场至多预订一张门票；

(ii) 每两人所预订的门票中，至多有1场相同；

(iii) 预订了6张门票的只有一人。

问这些球迷最多共能预订多少张门票？说明理由。

(2002年中国集训队选拔考试)

解 画一个17×17的方格表，17列分别代表17场球赛，17行分别表示17人。如果第i人预订了第j场的门票，则将方格表中第i行j列的方格的中心涂成红点。于是问题化为表中任何4个红点都不是一个边平行于网格线的矩形的4个顶点，且表中有一行有6个红点的情况下，表中最多能有多少个红点？

考察21×21的方格表，其中每行5个红点且任何4个红点都不是一个边平行于网格线的矩形的4个顶点。

在右图中划掉4行4列方格，(如右图所示)。然后将第3行5列的红点移到第1行的方格中，并将该列的另两个红点去掉，于是得到一个17×17的方格表，满足题中条件(i)~(iii)。将得到的表格再进行适当的行与行、列与列的交换，可以得到如下的表格：

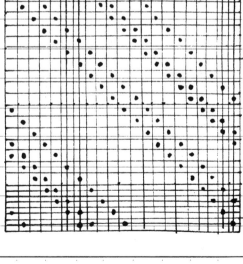

易见，这个 17×17 的方格表中共有 71 个红点且满足条件 (i)~(iii)。故至少应需要制作以预定 71 张门票。

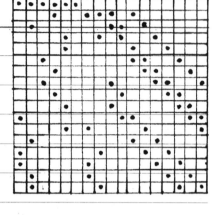

另一面，设表格中有 72 个红点满足要求。不妨设第 1 行的前 6 格中心全是红点。于是下面 16 行中每行前 6 个方格中至多 1 个红点。将 17×17 方格表分成 17×6 和 17×11 的两部分。于是第 1 部分中至多有 22 个红点。第 2 部分中至少有 50 个红点。由于第一行后 11 个方格中没有红点，故只需考察 16×11 方格表中有 50 个红点的情形。

设 16×11 的方格表中有 50 个红点，其中没有也平行于网格线的红点组成的矩形。由于原来 17×17 的方格表中已有第 1 行有 6 个红点，故这个 16×11 的表中每行至多 4 个红点。由抽屉原理知，至少有两行各 4 个红点。于是只需考察下列两种情形：

① 两行各 4 个红点，另 14 行各 3 个红点；

② 3 行各 4 个红点，1 行有 2 个红点，另 12 行各 3 个红点。

先看①。这时可设在 16×11 的方格表第 1 行的 1、2、3、4 这 4 个方格中心是红点，第 2 有 4 红点，其余 14 行各 3 个红点。先看表中前 4 列组成的 16×4 方格表。其中第 1 行的 4 格全是红点，则以后 15 行的各 4 格中至多 1 个红点。于是另外的 16×7 方格表，去掉第 1 行得到 15×7 方格表。其中每行都是 2 个或 3 个红点。

如果 16×4 方格表中的后 15 行中某行中有 1 个红点，则这个红点与该行后 7 个方格中红点可组成 2 个或 3 个红点对。但不同红点对只有 7 个，故这个红点所在的列中至多 3 个红点。4 列至多 12 个红点。所以 16×4 方格子表中至多 16 个红点,从即后边的15×7子表中,至少还有34个红点,34=4×3+2×11,于是表中至少有3×4+11=23个红点对,但7列只能组成不同列对$C_7^2=21$,所以必导致边平行于网格线的四顶点红矩形,矛盾.

再看回,这时设16×11的方格表中第1行前4格的中心皆为红点,第2,3两行各有4个红点,最后一行两个红点,其余各行皆是3个红点.

还是先考察前面的16×4方格子表,如果仍是至多16个红点,则象⑬中一样地了导出矛盾,但是,表中最后一行只有两个红点,如果前4格中没有,则只能是上述情形,如果前4格中有1个红点,则后7格中只有1个红点,这又导致16×4子表中有17个红点,后7列的15×7子表中有33个红点,但最后一行7格中也有1个红点,去掉这一行,余下的14×7方格表中有32个红点,32=3×4+2×10,表中至少有3×4+10=22个红点对,这又导致边平行于网格线找出红顶点矩形,矛盾.

综上可知,17人共能设计最多71路门票.

例12 设 $S=\{1,2,\cdots,7\}$，$A_1,A_2,\cdots,A_R$ 都是 S 的 3 元子集，设 $|A_i\cap A_j|\leq 1$，$1\leq i<j\leq R$，求 R 的最大值。

解 由字典排列法或轮换排列法都可写出 7 个三元子集满足要求：

$\{1,2,3\}\{1,4,5\}\{1,6,7\}\{2,4,6\}\{2,5,7\}\{3,4,7\}\{3,5,6\}$；

$\{1,2,4\}\{2,3,5\}\{3,4,6\}\{4,5,7\}\{5,6,1\}\{6,7,2\}\{7,1,3\}$。

由此可知，R 的最大值不小于 7。

若 R 的最大值为 8，即有 8 个三元子集满足要求。则 8 个三元子集共有 24 个元素，而 S 中只有 7 个不同元素，从而由抽屉原理知必有 $a\in S$，a 至少属于 8 个三元子集中的 4 个。这 4 个三元子集中除了 a 之外各含两个，共 8 个元素。由抽屉原理知又有 $b\in S$，b 至少含于这 4 个集中的两个，从而这两个集合至少有两个公共元素，矛盾。

综上可知，欲求的 R 的最大值为 7。

注 本题列举的两个例子，实际上 $|A_i\cap A_j|=1$，即两两之间恰有 1 个公共元素的例子。

解2 只证后一半。若有 8 个三元子集满足题中要求，则 8 个集共 24 个元素。$24=4\times 3+3\times 4$，$6\times 3+3\times 4=30$，即至少有 30 个同数对（同一元素序于两个集合）。但 8 个集共构成 $C_8^2=28$ 个集合对。由抽屉原理知必有两个同数对属于同一个集合对，即这两个集合至少有两个公共元素，矛盾。

※13 设 $S=\{1,2,\cdots,8\}$，$A_1, A_2, \cdots, A_k$ 都是 S 的三元子集且 $|A_i \cap A_j| \le 1$，$1 \le i < j \le k$，求 k 的最大值。

解 按轮换排列法可以写出
$$\{1,2,4\}\{2,3,5\}\{3,4,6\}\{4,5,7\}$$
$$\{5,6,8\}\{6,7,1\}\{7,8,2\}\{8,1,3\}.$$

由此可知，k 的最大值不小于 8。

另一方面，若有 9 个三元子集满足题中要求，则 9 个子集中共有 27 个元素，而其中不同元素只有 8 个，由抽屉原理知必有 $a \in S$，它至少属于这 9 个集合中的 4 个。在这 4 个三元集合中，每个集合除 a 之外还有两个元素，共 8 个元素，但它们只有除 a 之外的 7 个不同值，故由抽屉原理又知有 $b \in S$，$b \ne a$ 且至少属于这 4 个集合中的两个，于是 a 和 b 同为这两个集合的公共元素，矛盾。

综上可知，k 的最大值为 8。

解2 还可按字典排列法写出 8 个三元子集
$$\{1,2,3\}\{1,4,6\}\{1,7,8\}\{2,4,7\}\{2,5,8\}$$
$$\{3,4,5\}\{3,6,8\}\{5,6,7\};$$
$$\{1,2,3\}\{1,4,6\}\{1,5,7\}\{2,4,8\}\{2,5,6\}$$
$$\{3,4,7\}\{3,5,8\}\{6,7,8\}.$$

※14 设 $S=\{1,2,\cdots,7\}$，$A_1, A_2, \cdots, A_k$ 都是 S 的四元子集且 $|A_i \cap A_j| \leq 2$，$1 \leq i < j \leq k$，求 k 的最大值。

解 按字典排列序和轮换排列序可分别写出：
$$\{1,2,3,4\}\{1,2,5,6\}\{1,3,5,7\}\{1,4,6,7\}$$
$$\{2,3,6,7\}\{2,4,5,7\}\{3,4,5,6\};$$
$$\{1,2,3,5\}\{2,3,4,6\}\{3,4,5,7\}\{4,5,6,1\}$$
$$\{5,6,7,2\}\{6,7,1,3\}\{7,1,2,4\}.$$

由一个例子都足以表明，k 的最大值不小于 7。

另一方面，共有 8 个四元子集满足题中要求，则 8 个子集中共有 32 个元素，而其中不同元素只有 7 个，由抽屉原理知必有 $a \in S$，使得 a 至少属于 8 个集合中的 5 个，这 5 个集合中每个集合除 a 之外还有 3 个元素，共有 15 个，而不同元素只有 6 个，由抽屉原理又知必有 $b \in S$，$b \neq a$ 且 b 属于这 5 个集合中的至少 3 个，这导致 a 和 b 均属于这 3 个集合，每个集合除 a、b 之外各有两个元素，3 个集合共 6 个，但 S 中除 a、b 之外只有 5 个不同的元素，再由抽屉原理知有 $c \in S$，属于这 3 个集合中的 2 个，这样一来，a、b、c 互不相同且均属于后两个集合，矛盾。

综上可知，所求的 k 的最大值为 7。

※15 设 $S=\{1,2,\cdots,13\}$, $A_1, A_2, \cdots, A_k$ 都是 S 的四元子集且满足 $|A_i \cap A_j| \le 1$, $1 \le i < j \le k$, 求 k 的最大值.

解 按字典排列法和轮换排列法都可以写出满足题中要求的13个四元子集如下:

$\{1,2,3,4\}\{1,5,6,7\}\{1,8,9,10\}\{1,11,12,13\}$,
$\{2,5,8,11\}\{2,6,9,12\}\{2,7,10,13\}$,
$\{3,5,9,13\}\{3,6,10,11\}\{3,7,8,12\}$,
$\{4,5,10,12\}\{4,6,8,13\}\{4,7,9,11\}$;

$\{1,2,5,7\}\{2,3,6,8\}\{3,4,7,9\}\{4,5,8,10\}$
$\{5,6,9,11\}\{6,7,10,12\}\{7,8,11,13\}\{8,9,12,1\}$
$\{9,10,13,2\}\{10,11,1,3\}\{11,12,2,4\}\{12,13,3,5\}$,
$\{13,1,4,6\}$.

每个例子都足以表明 k 的最大值不小于13.

另一方面. 若有14个四元子集满足题中的要求, 则14个子集共56个元素, 而不同元素只有13个, 由抽屉原理知, 必有 $a \in S$ 它属于14个子集中的至少5个集合. 这5个集合的每个之中, 除 a 外还有3个元素, 5个之中共15个元素, 不同元素只有12个. 由抽屉原理又知, 必有 $b \in S$ 它属于5个集合中的至少两个, 于是 a 和 b 同为这两个集合的公共元素, 矛盾.

综上所论, k 的最大值为13.

解2 只证后一半. 若有14个四元子集满足题中要求, 则14个集共有56个元素. $56 = 5 \times 4 + 4 \times 9$. $10 \times 4 + 6 \times 9 = 94$. 由此可知, 过56

个元素至少构成94个"同素对"(同一个素属于两个集合). 但不同子集"对"的个数为 $C_{14}^2 = 7 \times 13 = 91$. 由抽屉原理知必有两个子集中含有两个同素对, 即二者含两个公共元素, 矛盾.

16 设 $S=\{1,2,\cdots,14\}$,$A_1,A_2,\cdots,A_k$ 都是 S 的四元子集且 $|A_i\cap A_j|\leq 1$, $1\leq i<j\leq k$,求 k 的最大值。

解 将 S 中元素排列后可以写出下列 14 个四元子集：

$\{1,2,5,7\}$ $\{2,3,6,8\}$ $\{3,4,7,9\}$ $\{4,5,8,10\}$

$\{5,6,9,11\}$ $\{6,7,10,12\}$ $\{7,8,11,13\}$ $\{8,9,12,14\}$

$\{9,10,13,1\}$ $\{10,11,14,2\}$ $\{11,12,1,3\}$ $\{12,13,2,4\}$

$\{13,14,3,5\}$ $\{14,1,4,6\}$.

易见，这 14 个集合满足题中的要求，所以 k 的最大值不小于 14。

另一方面，若有 15 个四元子集满足题中要求，则 15 个集合共有 60 个元素，但其中不同元素只有 14 个。由抽屉原理知必有 $a\in S$,它至少属于 15 个集合中的 5 个。在这 5 个集合中两两之间已有 1 个公共元素 a,任何两个都不能再有公共元素。5 个集合中每个除 a 之外还有 3 个元素，共 15 个且不相同。此不可能。

综上可知，所求的 k 的最大值为 14。

例17 设 $S=\{1,2,\cdots,15\}$，$A_1, A_2, \cdots, A_k$ 都是 S 的四元子集且 $|A_i \cap A_j| \le 1$，$1 \le i < j \le k$，求 k 的最大值。

解 将轮换排列后可以写出15个四元子集：

$\{1,2,5,7\}$ $\{2,3,6,8\}$ $\{3,4,7,9\}$ $\{4,5,8,10\}$

$\{5,6,9,11\}$ $\{6,7,10,12\}$ $\{7,8,11,13\}$ $\{8,9,12,14\}$

$\{9,10,13,15\}$ $\{10,11,14,1\}$ $\{11,12,15,2\}$ $\{12,13,1,3\}$

$\{13,14,2,4\}$ $\{14,15,3,5\}$ $\{15,1,4,6\}$。

易见，这15个集合满足题中要求，所以 k 的最大值不小于15。

另一方面，设有16个四元子集满足题中要求，则16个集合共有64个元素，但其中不同元素只有15个，由抽屉原理知必有 $a \in S$ 至少属于这16个集合中的5个。在这5个集合中，两两之间已有1个公共元素 a，其中任何两个都不能再有公共元素，所以，5个集合中除 a 以外的15个元素互不相同，但是 S 中除 a 以外只有14个元素，矛盾。

综上可知，所求的 k 的最大值为15。

18　6×6的方格表上共有7×7=49个结点，能否将这些结点中的每点都涂上红蓝两色之一，使得

(i) 任何两条互相平行的网格线上，都可以各选出两个红点，使得以这4个结点为顶点的矩形是一个以网格线为边的矩形且这样的矩形是唯一确定的；

(ii) 整个表中任何4个蓝结点都不能是一个以网格线为边的矩形的4个顶点.

解　可以实现，具体涂色可按字典排列法或轮换排列法来进行如下：

例19 设 $S=\{1,2,\cdots,14\}$，$A_1, A_2, \cdots, A_k$ 都是 S 的子集且满足

(i) $|A_i|=3$，$i=1,2,\cdots,k$；

(ii) $|A_i \cap A_j| \leq 1$，$1 \leq i < j \leq k$；

(iii) 对于 S 的任何一个三元子集 B，必有 A_i，$1 \leq i \leq k$，使得 $|B \cap A_i| \geq 2$.

求 k 的最小值。

解 为简单计，我们称满足条件 (i)-(iii) 的三元子集组 $\{A_1, A_2, \cdots, A_k\}$ 为一个饱和组。

取 (字典排列法)(分组构造法)

$A_1=\{1,2,3\}$，$A_2=\{1,4,5\}$，$A_3=\{1,6,7\}$，$A_4=\{2,4,6\}$，

$A_5=\{2,5,7\}$，$A_6=\{3,4,7\}$，$A_7=\{3,5,6\}$，

$A_8=\{8,9,10\}$，$A_9=\{8,11,12\}$，$A_{10}=\{8,13,14\}$，$A_{11}=\{9,11,13\}$，

$A_{12}=\{9,12,14\}$，$A_{13}=\{10,11,14\}$，$A_{14}=\{10,12,13\}$.

容易验证，这14个三元子集满足条件 (i) 和 (ii)。对于任何 $B \subseteq S$，$B=\{b_1,b_2,b_3\}$，将 S 均分成两组：

$S_1=\{1,2,3,4,5,6,7\}$，$S_2=\{8,9,10,11,12,13,14\}$.

于是由抽屉原理知 b_1, b_2, b_3 这3个数中必有两个数同属于 S_1 或同属于 S_2。不妨设 $b_1, b_2 \in S_1$，于是因为 S_1 中7个数所能组成的21个不同数对恰为 $A_1 - A_7$ 中所有的21个数对，所以必有 A_i，$1 \leq i \leq 7$，使得数对 $\{b_1, b_2\} \subseteq A_i$，即条件 (iii) 也成立。这样一来，上述14个三元子集构成一个饱和组。由此可知，k 的最小值不大于14。

另一方面，设 $T=\{B_1, B_2, \cdots, B_{13}\}$ 是任意一组 S 的13个子集满足条件 (i) 和 (ii)。用14连代表 S 中的14个元素。若其中两点间对应的两

个数同属于一个 B_i, $1\leq i\leq 13$, 则在两点间连接一条边. 于是得到一个图 G, 其中有 14 个顶点和 39 条边. 考察这个图的补图 G', 于是 G' 中有 14 个顶点及 $C_{14}^2-39=91-39=52$ 条边. 因为 $52>7^2=49$, 所以 G' 中必有三角形. 这意味着这个三角形的 3 个顶点所对应的 3 个元素所组成的 S 的三元子集 B_0 满足

$$|B_0\cap B_i|\leq 1, \quad i=1,2,\cdots,13.$$

所以 T 不是饱和组.

综上可知, 所求的 k 的最小值为 14.

注 k 的最大值为 28.

注2 论证后一部分使用图论的证明还有如下方法: 设 $T=\{B_1, B_2,\cdots,B_{13}\}$ 满足条件 (i)-(iii). 由于 $B_1,B_2,\cdots,B_{13}$ 中共有 39 个元素, 故由抽屉原理知, 必有 $z\in S$ 至多在 $B_1,\cdots,B_{13}$ 中出现 2 次. 记含 z 的至多两个集的并集为 M_1. 于是 $|M_1|\leq 5$. 取 $j\in S-M_1$, 使 j 至多出现 3 次. 记这多至 3 个集的并集为 M_2, 于是 $|M_2|\leq 7$. 这样

$$M_3=S-(M_1\cup M_2)\neq\emptyset.$$

取 $k\in M_3$, 于是集合 $B=\{i,j,k\}$ 未被 T 盖住, 矛盾.

※ 20. 21人参加一次考试，试题共有15道是非题。阅卷后发现任何两人答对的题中都有1道是相同的，问答对人数最多的题最少有多少人答对？证明理由。（1995年中国集训队选拔考试3题）

解 当两人答对同一道题，便称这两人为一个"共题对"。于是由已知，任何两人都至少是1个共题对。21人之间至少可组成 $C_{21}^2 = 210$ 个共题对。

如果每题至多5人答对，则每个题目至多导致10个共题对，从而15个题目至多产生150个共题对。如果每题至多有6人答对，则共可产生至多225个共题对。由此可知，欲求的最小值不小于6。

若某人A至多答对3题，则因其余20人中，每人答对的题中都至少有1题与A答对的是相同，故由抽屉原理知，答对人数最多的题至少有8人答对。

若每人至少答对4题，则21人至少答对84题。若每题至多有6人答对，则15个题目至多共有90人次答对。由于 $90 = 21 \times 4 + 6$，所以答对4题的人数至少为15，答对至少5题的人至多6人。

设A答对4题 $\{a_1, a_2, a_3, a_4\}$，接下来，其余20人中每人都至少答对过4题之一。又因每题至多有6人答对，故知其余20人可分成4组，第 i 组的5人均做对题 a_i 而未做对另3题，$i=1,2,3,4$。这样一来，a_1, a_2, a_3, a_4 都恰好有6人作对。由于至多有6人各答对至少5题，于是由抽屉原理知上述4组中总有1组至多1人答对的5题。组中余下4人连同A共5人都只答对4题。由前段推导知，这5人中除3共同答对的一题之外，余下的各3题共15题互不相同，这导致共有至少16

道不同题目,才行. 故知m的求的最小值至少为7.

另一方面,由字典排列法给出m13个四元子集:

$\{1,2,3,4\}$ $\{1,5,6,7\}$ $\{1,8,9,10\}$ $\{1,11,12,13\}$
$\{2,5,8,11\}$ $\{2,6,9,12\}$ $\{2,7,10,13\}$
$\{3,5,9,13\}$ $\{3,6,10,11\}$ $\{3,7,8,12\}$
$\{4,5,10,12\}$ $\{4,6,8,13\}$ $\{4,7,9,11\}$

再将8组重复一次共得21组,每组代表一名学生答对的题号便能满足题中要求.

综上可知,答对人数最多的题最少有7人答对.

注 此部分的例子也可以用$\{1,2,\cdots,13\}$的轮换排列法来写出.

例21 设 $A_1, A_2, \cdots, A_6$ 都是集合 $S=\{1,2,\cdots,k\}$ 的子集，且满足：

(i) $|A_i|=3$，$i=1,2,\cdots,6$；

(ii) $|A_i \cap A_j| \le 1$，$1 \le i < j \le 6$；

(iii) 对每个 i，$1 \le i \le 6$，都存在 j，$1 \le j \le 6$，使得 $A_i \cap A_j = \emptyset$。

求 k 的最小值。

解 若有 A_i, A_j, A_k ($1 \le i < j < k \le 6$) 互不相交，则 $k \ge 9$。

若不存在3个子集互不相交，则不妨设
$$A_1 \cap A_4 = A_2 \cap A_5 = A_3 \cap A_6 = \emptyset.$$

于是 $|A_1 \cup A_4|=6$。由(ii)知，A_2 的3个元素中，至多各有1个分别属于 A_1 和 A_4，即至少有1个"新元素"。同理 A_5 亦然。又因 $A_2 \cap A_5 = \emptyset$，所以 A_2 和 A_5 的各1个"新元素"不同，故 $k \ge 8$。

当 $k=8$，即 $S=\{1,2,\cdots,8\}$ 时，用轮换排列法可以写出8个三元子集

$\{1,2,4\}, \{2,3,5\}, \{3,4,6\}, \{4,5,7\},$
$\{5,6,8\}, \{6,7,1\}, \{7,8,2\}, \{8,1,3\}.$

显然，这8个集合可以分成4对，每对中的两个集合不交。取其中任何3对都满足条件(i)~(iii)：

$A_1=\{1,2,4\}, A_2=\{2,3,5\}, A_3=\{3,4,6\},$
$A_4=\{5,6,8\}, A_5=\{6,7,1\}, A_6=\{7,8,2\}.$

综上可知，所求 k 的最小值为8。

22. 在一次由 n 个是非题构成的竞赛中,共有 8 名选手参加,已知对任何一对是非题,答案是(对,对),(错,错),(对,错)与(错,对)的情况各有两人,求 n 的最大值并证明理由.

(《奥赛经典(组合)》147页例5)

解 将 8 名选手分别记为 $P_1, P_2, \cdots, P_8$, n 道是非题分别记为 $A_1, A_2, \cdots, A_n$. 画一个 $8 \times n$ 的方格表,每个方格中都填写 1 或 0. 将表中第 i 行 j 列中方格内填写的数记为 x_{ij}, 则

$$x_{ij} = \begin{cases} 1, & \text{当}\ P_i\ \text{对}\ A_j\ \text{的答案为"对"},\\ 0, & \text{当}\ P_i\ \text{对}\ A_j\ \text{的答案为"错"}. \end{cases}$$

于是第 i 行各数之和 $a_i = \sum\limits_{j=1}^{n} x_{ij}$ 表示 P_i 对 $A_1, A_2, \cdots, A_n$ 的答案中"对"的个数. 因为对任何两题 A_i 与 A_j, 答案为(对,对),(对,错),(错,对),(错,错)的情况各有两人,故答时题的人数都为 4, 即每列中恰好是 1 与 0 各 4 个. 于是有

$$\sum_{i=1}^{8} a_i = \sum_{i=1}^{8}\sum_{j=1}^{n} x_{ij} = \sum_{j=1}^{n}\sum_{i=1}^{8} x_{ij} = 4n. \quad ①$$

注意,由题中已知条件知,当将表中某一列中的 0 与 1 互换后,所得的新表表仍必满足题中要求,故不妨设表中第 1 行的各数全都为 1, 从而知 $a_1 = n$, 而 $\sum\limits_{i=2}^{8} a_i = 3n$.

如果选手 P_i 对题目 $A_j, A_k (j \neq k)$ 的答案为(对,对),则将之记为 $(P_i; A_j, A_k)$, 称为一个有数三元组. 并将所有这样的有数三元组的集合记为 S. 下面我们用换序求和法来计数 $|S|$.

一方面,n 道题目共可组成 C_n^2 个题对,每个题对恰有两人的答

章为(对,对),则以 $|S| = 2C_n^2$.

另一方面,再从 P_i 的角度来看
$$|S| = C_n^2 + \sum_{i=2}^{8} C_{a_i}^2.$$

则必有
$$2C_n^2 = |S| = C_n^2 + \sum_{i=2}^{8} C_{a_i}^2,$$
$$n(n-1) \geq \sum_{i=2}^{8} a_i(a_i-1) = (a_2^2 + a_3^2 + \cdots + a_8^2) - (a_2 + a_3 + \cdots + a_8)$$
$$\geq \frac{1}{7}(a_2 + a_3 + \cdots + a_8)^2 - (a_2 + a_3 + \cdots + a_8)$$
$$= \frac{9n^2}{7} - 3n.$$

$\therefore n^2 - n \geq \frac{9n^2}{7} - 3n$, $\frac{2}{7}n^2 - 2n \leq 0$, $n^2 - 7n \leq 0$.

因 $n > 0$,故得 $n \leq 7$.

当 $n = 7$ 时,用轮换排列法与字典排列法可排出满足题中要求的表格如下: (纵向轮换)

1	1	1	1	1	1	1
1	1	1	0	0	0	0
1	0	0	1	1	0	0
1	0	0	0	0	1	1
0	1	0	1	0	1	0
0	1	0	0	1	0	1
0	0	1	1	0	0	1
0	0	1	0	1	1	0

1	1	1	1	1	1	1
1	0	0	0	1	0	1
1	1	0	0	0	1	0
0	1	1	0	0	0	1
1	0	1	1	0	0	0
0	1	0	1	1	0	0
0	0	1	0	1	1	0
0	0	0	1	0	1	1

综上分析,所求的 n 的最大值为 7.

解2 将8名选手分别记为 $P_1, P_2, \cdots, P_8$，n道题非题分别记为 $A_1, A_2, \cdots, A_n$。因为对于任何两题 A_i 和 A_j（$1 \leq i < j \leq n$），答案为（对,对），（对,错），（错,对）和（错,错）的各恰有两人，故答对题 i 的人数都恰有4人。此外，当将一名选手答案中的"对和错"互换时，所得的结果仍然满足题中要求。故不妨设 P_8 作对了全部8个题目。于是，前7人中作对每个题目的人数都恰为3。

令 $P = \{P_1, P_2, \cdots, P_7\}$，前7人中作对第 i 个题目的3人构成的子集为 M_i。于是 M_i 为 P 的三元子集。因为对 n 题中的任何两题，答案为（对,对）的恰有两人，除 P_8 之外尚有1人。故有

$$|M_i \cap M_j| = 1, \quad 1 \leq i < j \leq n. \qquad (*)$$

于是当 $n = 7$ 时，可举例如下

其中空格表示"×"，表中省略。这表明 n 的最大值不小于7。

另一方面，注意，每个 M_i 是 P 的三元子集，含有3个 P 的"元素对"，n 个 M_i 共含有 $3n$ 个 P 的元素对。由于 $|P|=7$，故 P 中有 $C_7^2 = 21$ 个不同的元素对。由 $(*)$ 知 $3n \leq 21$，所以 $n \leq 7$。

综上可知，n 的最大值为7。

十 字典排列法和轮换排列法（二）

1. 设 $S=\{1,2,\cdots,11\}$，$A_1,A_2,\cdots,A_k$ 都是 S 的五元子集且对 M 中的任何元素对 (i,j)，都装有两个子集 A_h,A_ℓ ($1\leq h<\ell\leq k$) 包含它们，求 k 的最大值。

解 因为对两个 $i\in S$，S 中包含 i 的不同元素对共有 10 个，而对至多属于两个 A_j，故所有 A_j 中至多包含 20 个含 i 的元素对。

另一方面，若 $i\in A_j$，则因 A_j 中除 i 之外还有 4 个元素，故 A_j 中共含有 4 个含不同的含 i 元素对。设 i 属于 d_i 个不同的 A_j，于是

$$4d_i \leq 20, \quad d_i \leq 5, \quad i=1,2,\cdots,11,$$

即每个 $i\in S$ 至多在 $A_1,A_2,\cdots,A_k$ 中的 5 个集中出现。所以

$$5k = d_1+d_2+\cdots+d_{11} \leq 55, \quad k\leq 11.$$

按轮换排列法可以写出下列 11 个五元子集：

$\{1,2,3,5,8\}\ \{2,3,4,6,9\}\ \{3,4,5,7,10\}$
$\{4,5,6,8,11\}\ \{5,6,7,9,1\}\ \{6,7,8,10,2\}$
$\{7,8,9,11,3\}\ \{8,9,10,1,4\}\ \{9,10,11,2,5\}$
$\{10,11,1,3,6\}\ \{11,1,2,4,7\}.$

易见，S 的两个元素对恰属于其中两个集合。

综上可知，所求的 k 的最大值为 11.

2. 设 $S=\{1,2,\cdots,11\}$, $A_1, A_2, \cdots, A_k$ 都是 S 的子集,且满足

(i) $|A_i|=5$, $i=1,2,\cdots,k$;

(ii) $|A_i \cap A_j| \leq 2$, $1 \leq i < j \leq k$.

求 k 的最大值.

解 1 按轮换排列法可以写出下列 11 个子集:

$\{1,2,3,5,8\}$, $\{2,3,4,6,9\}$, $\{3,4,5,7,10\}$,

$\{4,5,6,8,11\}$, $\{5,6,7,9,1\}$, $\{6,7,8,10,2\}$,

$\{7,8,9,11,3\}$, $\{8,9,10,1,4\}$, $\{9,10,11,2,5\}$,

$\{10,11,1,3,6\}$, $\{11,1,2,4,7\}$.

当然满足(i)和(ii),而且任何两个子集恰有两个公共元素.

另一方面,若 $k=12$,则 12 个 5 元子集共有 60 个元素.若两个 5 元子集有 1 个公共元,则称两个子集中有 1 个"同数对".众所周知,60 个元素中只有 11 个不同.而当 11 个元素在 12 个子集中出现的次数越平均,产生的同数对的个数实越少. $60=5\times 6+6\times 5$,即 11 个元素中有 6 个各出现 5 次而另 5 个出现 6 次,于是导致的同数对的个数至少为

$$6\times C_5^2 + 5\times C_6^2 = 60+75 = 135.$$

这 135 个同数对分别属于 $C_{12}^2 = 6\times 11 = 66$ 个子集对,由抽屉原理知,必有 3 个同数对属于同一个子集对,即这两个子集至少有 3 个公共元素,与条件(ii)矛盾.

综上可知,所求 k 的最大值为 11.

例 3 n 名篮球运动员参加一次训练比赛，要求每两人都作为队友（在同一个队中出场）同时出场 4 次，求人数 n 的最小值。

解 篮球比赛每场两队共 10 人参加，所以 $n \geq 10$。

若 $n=10$ 满足要求，则由 $C_{10}^2 = 45$，即 10 人共可组成 45 个"队友对"，每对至少出场 4 次，共至少有 180 个"队友对"出场。每场比赛共有 20 个"队友对"，所以整个比赛共至少安排 9 场。

因为只有 10 人，所以 9 场球中每场每人都得出场。在 9 场中，1、2 两人同队出场 4 次。这 4 场中，另 8 人与 1、2 同队共出场 12 次。由抽屉原理知其中必有 1 人出场至少两次，不妨设 3 号队员出场两次。于是不妨设前 2 场为

$\{1,2,3,4,5\}\{6,7,8,9,10\}$，
$\{1,2,3,6,7\}\{4,5,8,9,10\}$。

在 7 场中，8、9、10 这 3 名队员每场都出现，3 人中总有两人在同一队中，即每场至少有 3 个队友对 $\{8,9\}$，$\{8,10\}$，$\{9,10\}$ 之一出现，7 场共出现至少 7 次。再由抽屉原理知，3 对中必有一个"队友对"出场 3 次，加上前两场中的两次共 5 次，矛盾。所以 $n=10$ 不能满足题中要求，n 的最小值不小于 11。

另一方面，当 $n=11$ 时，按轮换排列法可以写出如下安排：

$\{1,2,3,5,8 ; 4,7,9,10,11\}$
$\{2,3,4,6,9 ; 5,8,10,11,1\}$
$\{3,4,5,7,10 ; 6,9,11,1,2\}$
$\{4,5,6,8,11 ; 7,10,1,2,3\}$

$$\{5,6,7,9,1;8,11,2,3,4\}$$
$$\{6,7,8,10,2;9,1,3,4,5\}$$
$$\{7,8,9,11,3;10,2,4,5,6\}$$
$$\{8,9,10,1,4;11,3,5,6,7\}$$
$$\{9,10,11,2,5;1,4,6,7,8\}$$
$$\{10,11,1,3,6;2,5,7,8,9\}$$
$$\{11,1,2,4,7;3,6,8,9,10\}.$$

这样，这11个10元集中，前后各5元素分别代表两个出场队。而前5人中，每个"队友对"恰各出现2次，后5人亦然。所以，每个"队友对"恰各出场4次。

综上多知，所求的人数 n 的最小值为11。

4 设 $S=\{1,2,\cdots,10\}$，$A_1,A_2,\cdots,A_k$ 都是 S 的 5 元子集，且 $|A_i\cap A_j|\leq 2$，$1\leq i<j\leq k$，求 k 的最大值。

(1994年中国集训队测验题)

证1 按字典排列法有

$\{1,2,3,4,5\}$ $\{1,2,6,7,8\}$ $\{1,3,6,9,10\}$

$\{2,4,7,9,10\}$ $\{3,5,7,8,9\}$ $\{4,5,6,8,10\}$。

所以 k 的最大值不小于 6。

若有 $k\geq 7$，则 $A_1,A_2,\cdots,A_k$ 中至少共有 35 个元素而其中只有 10 个不同，由抽屉原理必有一个元素至少属于其中 4 个集合。不妨设 $1\in A_i$，$i=1,2,3,4$。

这时，这 4 个子集中除 1 之外各还有 4 个元素，共有 16 个，这 16 个数都是 S 中除 1 之外的 9 个不同元素，其至少可构成 7 个"同数对"。但 4 个集合 A_1,A_2,A_3,A_4 两两成对只有 6 个不同的集合时，由抽屉原理上述 7 个同数对中必有两个同属于一对 $\{A_i,A_j\}$（$1\leq i<j\leq 4$），这导致 $|A_i\cap A_j|\geq 3$，与已知矛盾。

综上可知，k 的最大值为 6。

证2 S 中的 10 个元素共可组成 $C_{10}^2=45$ 个不同的数对。每个 A_i 中 5 个元素共可组成 10 个不同数对，k 个 A_i 共可组成 $10k$ 个数对。这些数对显然不是互不相同，但由已知，任何两个集合至多有 1 个相同数对，故还有

$$10k-C_k^2\leq 45, \quad k^2-21k+90\geq 0$$

解得 $k\leq 6$ 或 $k\geq 15$，后者舍去.

按轮换排列还有
$\{1,2,3,5,8\}\{2,3,4,6,9\}\{3,4,5,7,10\}$
$\{4,5,6,8,11\}\{5,6,7,9,1\}\{6,7,8,10,2\}$
$\{7,8,9,11,3\}\{8,9,10,1,4\}\{9,10,11,2,5\}$
$\{10,11,1,3,6\}\{11,1,2,4,7\}.$

从中去掉含11的5个集合，得到6个五元集合：
$\{1,2,3,5,8\}\{2,3,4,6,9\}\{3,4,5,7,10\}$
$\{5,6,7,9,1\}\{6,7,8,10,2\}\{8,9,10,1,4\}.$

其中每两个集合恰有恰有两个公共元素.

综上可知，所求的 k 的最大值为6.

证3 只证 $k=7$ 不可能满足题中要求.

若不然，7个集合共有35个元素，但S中都只有10个不同元素，故7个集合之间至少有 $3\times 5+6\times 5=45$ 个同素对，但集合对只有21个.由抽屉原理知必有3个同素对属于同一个集合对，即对中两个集合至少含3个公共元素，此与已知矛盾.

题中所要的例子还可用 $\{1,2,4,5,10\}$ 依次加2的轮换排列性质写出下列5个：
$\{1,2,4,5,10\}\{3,4,6,7,2\}\{5,6,8,9,4\}$
$\{7,8,10,1,6\}\{9,10,2,3,8\}$

加上5个奇数的集合 $\{1,3,5,7,9\}$ 即得6个五元子集，满足要求.

※ 5 n 名乒乓球运动员参加一次单打循环赛，赛后发现，对于其中任何两名运动员，都存在另两名运动员，后两人均战胜了前两人，求运动员人数 n 的最小值。

解 任取两名运动员 A 和 B，不妨 B 胜 A，记为 $B>A$，按己知，定有另两名运动员 C 和 D，使得 $C>A$，$C>B$，$D>A$，$D>B$，不妨设 $C<D$。

对于两人组 $\{A, D\}$，按题又定有两名运动员 E 和 F，使得 $E>A$，$E>D$，$F>A$，$F>D$，不妨设 $E<F$，于是有

$A \ne B$，$C \ne D$，$E \ne F$，$C \ne A$，$C \ne B$，$D \ne A$，$D \ne B$，$E \ne A$，$E \ne D$，$F \ne A$，$F \ne D$。

又因 $E>D>B$，$F>D>B$，所以有 $E \ne B$，$F \ne B$。由 $E>D>C$，$F>D>C$，所以又有 $E \ne C$，$F \ne C$。从而 F、E、D、C、B 互不相同且均战胜 B，即 B 至少负 5 场，所以 n 名运动员每人均至少负 5 场，共至少 $5n$ 场。由抽屉原理必有 1 人至少胜 5 场，又因此人也至少负 5 场，所以至少赛 10 场，所以 $n \geq 11$。

另一方面，当 $n=11$ 时，可以安排胜负结果如下（按号外号码的运动员全胜括号内的 5 人：

$6\{1,2,3,5,8\}$，$7\{2,3,4,6,9\}$，$8\{3,4,5,7,10\}$，
$9\{4,5,6,8,11\}$，$10\{5,6,7,9,1\}$，$11\{6,7,8,10,2\}$，
$1\{7,8,9,11,3\}$，$2\{8,9,10,1,4\}$，$3\{9,10,11,2,5\}$，
$4\{10,11,1,3,6\}$，$5\{11,1,2,4,7\}$。

因为在 $S=\{1,2,\cdots,11\}$ 的上列 11 个五元子集中，S 的每对元素都恰好

同含在两个子集中，故相连的两条边必然会给始于相连两个集外的两个干码所代表的两条边所成肥。

综上可知，所求的 n 表 n 的最小值为 11.

戈6 设平面上有 n 个凸五边形，每两个凸五边形至多有两个公共顶点，每个顶点恰为 5 个凸五边形的公共顶点，求 n 的所有可能值。

解 由已知，设点 A 是 5 个凸五边形的公共顶点，其中任何两个凸五边形除点 A 之外，至多还有 1 个公共顶点，所以这 5 个五边形至少有

$$20 - 10 + 1 = 11$$

个不同顶点。

当 $n = 11$ 时，用 $1, 2, \cdots, 11$ 为 11 个顶点编号，按轮换排列法可以写出 11 个凸五边形的顶点号码组为：

$\{1,2,3,5,8\}, \{2,3,4,6,9\}, \{3,4,5,7,10\},$
$\{4,5,6,8,11\}, \{5,6,7,9,1\}, \{6,7,8,10,2\},$
$\{7,8,9,11,3\}, \{8,9,10,1,4\}, \{9,10,11,2,5\},$
$\{10,11,1,3,6\}, \{11,1,2,4,7\}.$

其中每两个集合恰有两个公共元素，即满足题中的要求。

当 $n = 15$ 时，按轮换排列法可以类似写出：

$\{1,2,3,5,8\} \{2,3,4,6,9\} \{3,4,5,7,10\} \{4,5,6,8,11\}$
$\{5,6,7,9,12\} \{6,7,8,10,13\} \{7,8,9,11,14\} \{8,9,10,12,15\}$
$\{9,10,11,13,1\} \{10,11,12,14,2\} \{11,12,13,15,3\} \{12,13,14,1,4\}$
$\{13,14,15,2,5\} \{14,15,1,3,6\} \{15,1,2,4,7\}.$

所以，满足题中要求的所有 n 值为 $n \geq 11$。

之题解之　按字典排列皆可义写出

{1,2,3,4,5} {1,2,6,7,8}
{1,3,6,9,10} {1,4,7,9,11}
{1,5,8,10,11} {2,3,7,10,11}
{2,4,8,9,10} {2,5,6,9,11}
{3,4,6,8,11} {3,5,7,8,9}
{4,5,6,7,10}.

这11个子集,满足条件

(i) 每个元素都各出现5次；

(ii) 在 i 出现的5个子集中,每个 $j \ne i$ 恰各出现2次；

(iii) 在含有 i, j 的两个子集中,其他元素至多出现1次.

当然满足题中要求,必以 n 之最大值不小于11.

※ 7 设 $S=\{1,2,\cdots,11\}$，$A_1, A_2, \cdots, A_k$ 都是 S 的子集且满足

(i) $|A_i|=6$，$i=1,2,\cdots,k$；

(ii) $|A_i \cap A_j| \le 3$，$1 \le i < j \le k$.

求 k 的最大值。

解 用轮换排列法可以写出下列11个满足条件中要求的六元子集：

$\{1,2,3,5,6,8\}$ $\{2,3,4,6,7,9\}$ $\{3,4,5,7,8,10\}$

$\{4,5,6,8,9,11\}$ $\{5,6,7,9,10,1\}$ $\{6,7,8,10,11,2\}$

$\{7,8,9,11,1,3\}$ $\{8,9,10,1,2,4\}$ $\{9,10,11,2,3,5\}$

$\{10,11,1,3,4,6\}$ $\{11,1,2,4,5,7\}$.

由此可知，k 的最大值 ≥ 11.

另一方面，若有 S 的12个子集满足条件(i)和(ii)，则12个六元集共有72个元素，它们中必有11个不同。因为 $72 = 6 \times 5 + 7 \times 6$，所以为使"同素对"尽量少，可设 S 的11个元素中，有5个各出现6次，另6个各出现7次，于是"同素对"的总数为

$$C_6^2 \times 5 + C_7^2 \times 6 = 15 \times 5 + 21 \times 6 = 75 + 126 = 201.$$

这201个同素对，分别属于12个集合的 $C_{12}^2 = 66$ 个"集合对"。由抽屉原理知其中必有4个同素对属于同一个集合对，即这两个集合至少有4个公共元素，此与(ii)矛盾。

综上可知，所求的 k 的最大值为11。

※8 11位歌手参加一次艺术节，准备为他们安排m场演出，每场由其中5人登场演出，要求11人中每两人同场演出的次数都同样多。请设计一种方案，使得演出的场次数最少。

解 设每两位歌手都同场演出r次，于是11人共演出
$$rC_{11}^2 = 55r\ (包括重复)$$
场。另一方面，每场5人同时演出，会有$C_5^2 = 10$个"歌手对"，m场共有$10m$对。于是
$$10m = 55r,\quad 2m = 11r,\quad 2|r,\ 11|m.$$

当$m = 11$时，$r = 2$，由轮换排列法可以写出11个五元子集满足题中之要求：

$\{1,2,3,5,8\}\{2,3,4,6,9\}\{3,4,5,7,10\}\{4,5,6,8,11\}$
$\{5,6,7,9,1\}\{6,7,8,10,2\}\{7,8,9,11,3\}\{8,9,10,1,4\}$
$\{9,10,11,2,5\}\{10,11,1,3,6\}\{11,1,2,4,7\}$

容易验证，每个数对恰属于其中两个集合，所以当把这11个集合对应于11场中各5人编号时，每两人同场演出的次数都是2。

综上可知，m的最小值为11。

※ 9 9个人到书店去买书,已知

(i) 每人都买了五种书；

(ii) 每两人所买的书中都至少有两种相同.

问购买人数最多的一种书最少有几人购买？证明理由.

解 设A买的5种书为$\{1,2,3,4,5\}$,于是由(ii)知另8人中每个人都要买这5种书中的至少2种,共买至少16种(包括重复).由抽屉原理知必有一种书至少有4人买,加上A至少有5人买.

另一方面,用轮换排列法可以写出

$\{1,2,3,5,6\}$ $\{2,3,4,6,7\}$ $\{3,4,5,7,8\}$ $\{4,5,6,8,9\}$
$\{5,6,7,9,1\}$ $\{6,7,8,1,2\}$ $\{7,8,9,2,3\}$ $\{8,9,1,3,4\}$
$\{9,1,2,4,5\}$

所以购买人数最多的一种书最少有5人买.

还可用另一种轮换排列法写出例子:

$\{1,2,3,5,8\}$ $\{2,3,4,6,9\}$ $\{3,4,5,7,1\}$ $\{4,5,6,8,2\}$
$\{5,6,7,9,3\}$ $\{6,7,8,1,4\}$ $\{7,8,9,2,5\}$ $\{8,9,1,3,6\}$
$\{9,1,2,4,7\}$

又可以用10个数的轮换排列法写出:

$\{1,2,3,5,8\}$ $\{2,3,4,6,9\}$ $\{3,4,5,7,10\}$ $\{4,5,6,8,1\}$
$\{5,6,7,9,2\}$ $\{6,7,8,10,3\}$ $\{7,8,9,1,4\}$ $\{8,9,10,2,5\}$
$\{9,10,1,3,6\}$ $\boxed{\{10,1,2,4,7\}}$

其中 10,1,2,4,7 各4个, 3,5,6,8,9 各5个.

还可以用11个数的轮换法得11个五元集中去掉两个而得到:

{1,2,3,5,8} {2,3,4,6,9} {3,4,5,7,10} {4,5,6,8,11}
{5,6,7,9,1} {6,7,8,10,2} {7,8,9,11,3} {8,9,10,1,4}
{9,10,11,2,5} {10,11,1,3,6} {11,1,2,4,7}

其中面两个集合恰有两个公共元素且11个不同元素中，1和11各3个；2,3,4,6,7,10各4个；5,8,9各5个。

类似地，也可以从2号符2中按字典排列后写出的11个五元子集中去掉2个而得到：

{1,2,3,4,5} {1,2,6,7,8} {1,3,6,9,10} {1,4,7,9,11}
{1,5,8,10,11} {2,3,7,10,11} {2,4,8,9,10} {2,5,6,9,11}
{3,4,6,8,11} {3,5,7,8,9} {4,5,6,7,10}

其中5和7各3个；3,4,6,8,9,10各4个；1,2,11各5个。

例 10 9人到书店卖书，已知：

(i) 每人都买了五种书；

(ii) 每两人所买的书中，都恰有两种相同；

(iii) 9人共买了n种不同种的书，其中每种书至少有1人买，最多有5人买，求n的所有可能值。

解 当 $n=9$ 时，下列恰挑选所给出的9个5元子集

$\{1,2,3,5,8\}\{2,3,4,6,9\}\{3,4,5,7,1\}\{4,5,6,8,2\}$
$\{5,6,7,9,3\}\{6,7,8,1,4\}\{7,8,9,2,5\}\{8,9,1,3,6\}$
$\{9,1,2,4,7\}$

满足要求；

当 $n=10$ 时，

$\{1,2,3,5,8\}\{2,3,4,6,9\}\{3,4,5,7,10\}\{4,5,6,8,1\}$
$\{5,6,7,9,2\}\{6,7,8,10,3\}\{7,8,9,1,4\}\{8,9,10,2,5\}$
$\{9,10,1,3,6\}$

满足三种要求 (i)—(iii).

当 $n=11$ 时，

$\{1,2,3,5,8\}\{2,3,4,6,9\}\{3,4,5,7,10\}\{4,5,6,8,11\}$
$\{5,6,7,9,1\}\{6,7,8,10,2\}\{7,8,9,11,3\}\{8,9,10,1,4\}$
$\{9,10,11,2,5\}$

满足三种要求 (i)—(iii).

另一方面，若 $n \leq 8$，9人共买45种书，则至少有8种不同，即条件(ii)要求每种书至多5人买，矛盾，所以 $n \geq 9$.

再证 $n \geq 12$ 也不能满足题设中要求 (i)-(iii).

(1) 若有1种书只有两人买，不妨设两人买书号码为
$$\{1,2,3,4,5\} \quad \{1,2,6,7,8\}.$$
于是另7人中每人要在 $\{2,3,4,5\}$ 及 $\{2,6,7,8\}$ 中各买两种.

例 11 设 $S=\{1,2,\cdots,9\}$，$A_1, A_2, \cdots, A_k$ 都是 S 的子集且满足

(i) $|A_i|=3$，$i=1,2,\cdots,k$；

(ii) $|A_i \cap A_j| \leq 1$，$1 \leq i < j \leq k$.

求 k 的最大值。

解 易见，每个 $x \in S$ 至多属于 4 个 A_i，S 中的 9 个元素在诸 A_i 中至多出现 36 次，所以 $k \leq 12$.

另一方面，按字典排列法可以写出：

$\{1,2,3\}\{1,4,5\}\{1,6,7\}\{1,8,9\}\{2,4,6\}\{2,5,8\}\{2,7,9\}$
$\{3,4,9\}\{3,5,7\}\{3,6,8\}\{4,7,8\}\{5,6,9\}$.

这 12 个三元子集满足题中要求。

综上可知，k 的最大值为 12.

解 2 解 1 中的例子还可换用轮换排列法，由 4 个三元子集，每次轮换 3 步所得：

$\{1,2,3\}\{4,5,6\}\{7,8,9\}$
$\{1,4,7\}\{2,5,8\}\{3,6,9\}$
$\{1,5,9\}\{4,8,3\}\{7,2,6\}$
$\{1,6,8\}\{4,9,2\}\{7,3,5\}$.

解 3 对 $S'=\{1,2,\cdots,8\}$ 用轮换排列法可写出 8 个：

$\{1,2,4\}\{2,3,5\}\{3,4,6\}\{4,5,7\}$
$\{5,6,8\}\{6,7,1\}\{7,8,2\}\{8,1,3\}$

其中 4 个表（对 $\{1,5\},\{2,6\},\{3,7\},\{4,8\}$ 未出现，于是再补足 4 个三元子集：

$\{1,5,9\}\{2,6,9\}\{3,7,9\}\{4,8,9\}$.

(2006.5.16)

例12 n 名运动员参加一次街头篮球训练营,为他们安排训练比赛(每场3人对3人,不换人),要求每两人都作为对手恰好进行两场比赛,求 n 的最小值.

解 由于每人都要与其余 $n-1$ 人中的每个人进行两场比赛,故每人都要参加 $\frac{2}{3}(n-1)$ 场比赛,n 个人共要参加 $\frac{2}{3}n(n-1)$ 场次比赛,但每场比赛共有6人参加,故共要进行 $\frac{1}{9}n(n-1)$ 场比赛,所以
$$3 \mid (n-1), \quad 9 \mid n(n-1).$$

于是 $(3,n)=1$,所以 $(9,n)=1$,故 $9\mid(n-1)$,$n=9k+1$.

当 $k=1$ 时,$n=10$,用轮换排列法写出下列10场比赛的人员安排:

$\{1,2,3 ; 4,7,10\}$
$\{2,3,4 ; 5,8,1\}$
$\{3,4,5 ; 6,9,2\}$
$\{4,5,6 ; 7,10,3\}$
$\{5,6,7 ; 8,1,4\}$
$\{6,7,8 ; 9,2,5\}$
$\{7,8,9 ; 10,3,6\}$
$\{8,9,10 ; 1,4,7\}$ $\{9,10,1 ; 2,5,8\}$ $\{10,1,2 ; 3,6,9\}$.

容易看出,第一组中两部分各3个数中,不同组的两数之差恰为 $1,2,\cdots,9$ 各一个,由于周期为10,所以从圆周另一方向算差也是 $1,2,\cdots,9$ 各一个,因此,每两人恰作为对手参加两场比赛.

综上所述,所求 n 的最小值为10.

例13 12名选手参加一次共有n道是非题的竞赛，结果是对于每一对是非题，答案为(对,对)、(错,错)、(对,错)、(错,对)的都各有3人，求n的最大值。(参考前讲中的22题)

解 使用上一讲中22题的记号和推导，我们有
$$a_1 = n, \quad a_2 + a_3 + \cdots + a_{12} = 5n.$$

类似地有
$$3C_n^2 = |S| = C_{a_1}^2 + \sum_{i=2}^{12} C_{a_i}^2 = C_n^2 + \sum_{i=2}^{12} C_{a_i}^2.$$

$$2n^2 - 2n = (a_2^2 + a_3^2 + \cdots + a_{12}^2) - (a_2 + a_3 + \cdots + a_{12})$$
$$\geq \frac{1}{11}(a_2 + a_3 + \cdots + a_{12})^2 - (a_2 + a_3 + \cdots + a_{12})$$
$$= \frac{1}{11} \times 25n^2 - 5n.$$

∴ $\frac{3}{11}n^2 - 3n \leq 0$, $n^2 - 11n \leq 0$, $n - 11 \leq 0$.

∴ $n \leq 11$.

当 $n=11$ 时，经过换排列后可以排出满足题中要求的数表如下：

1	1	1	1	1	1	1	1	1	1	1
1				1						
1			1							
1		1				1				1
1					1					
1	1							1		
1									1	
1						1				
1							1			
1				1						1
1			1							

综上可知，n 的最大值为 11.

十一 字典排列法与轮换排列法（三）

前两讲中讲到的是规律性最强且应用广泛的几种字典排列与轮换排列。本讲内容主要不象上讲的字典排列和轮换排列，特别要介绍借助于圆周的轮换排列。

1 安排 n 名运动员进行双打比赛，使得每一名选手都与其他选手中的每个人作为对手恰好进行一场比赛，求 n 的最小值。

解 对于网球选手 A，他的比赛对手每次是成对的，所以 n 为奇数。按题中要求，A 与其余 $n-1$ 个人都要作为对手比赛一次，所以 A 恰参加 $\frac{1}{2}(n-1)$ 场比赛。于是 n 名选手共参加了 $\frac{1}{2}n(n-1)$ 场比赛（包括重复），易见，在上面计数过程中，每场比赛恰被计数 4 次，因此不同比赛场次共有 $\frac{1}{8}n(n-1)$ 场。因此，$8\mid n(n-1)$。因为 n 为奇数，所以 $8\mid n-1$，$n=8k+1$，$k\geq 1$。

当 $k=1$ 时，$n=9$。将一个圆周 9 等分，用 9 个分点来代表 9 名运动员。先安排 1、2 号运动员就对与 3、5 号运动员配对进行一场双打比赛。这一场比赛导致 $\{1,3\}$、$\{1,5\}$、$\{2,3\}$、$\{2,5\}$ 作为对手各比赛一场。在圆上相邻 4 点间和 4 对点间各连 1 条弦（如图）。

易见，4 条弦的长度互不相同且 9 点间的 36 条弦只有这 4 种不同长度。故可用轮换排列法写出另外 8 场

$$\{1,2;3,5\}\{2,3;4,6\}\{3,4;5,7\}\{4,5;6,8\}\{5,6;7,9\}$$
$$\{6,7;8,1\}\{7,8;9,2\}\{8,9;1,3\}\{9,1;2,4\}$$

共有 36 对选手作为对手各比赛一次且互不相同。

综上可知，n 的最小值为 9。

例2 设 $S=\{1,2,\cdots,13\}$，求证可以从中取出13对三元子集 A_i, B_i，$A_i \cap B_i = \phi$，$i=1,2,\cdots,13$，使对S中的任一元素时，都恰有26个三元子集之一包含过两个元素。

证 将轮换排列得写出13对子集如下：

$\{1,4,5 ; 2,7,9\}$
$\{2,5,6 ; 3,8,10\}$
$\{3,6,7 ; 4,9,11\}$
$\{4,7,8 ; 5,10,12\}$
$\{5,8,9 ; 6,11,13\}$
$\{6,9,10 ; 7,12,1\}$
$\{7,10,11 ; 8,13,2\}$ $\{8,11,12 ; 9,1,3\}$ $\{9,12,13 ; 10,2,4\}$
$\{10,13,1 ; 11,3,5\}$ $\{11,1,2 ; 12,4,6\}$ $\{12,2,3 ; 13,5,7\}$
$\{13,3,4 ; 1,6,8\}$.

图中画出 $A_1=\{1,4,5\}$ 和 $B_1=\{2,7,9\}$ 的图形，其中6条弦的长恰为 $1,2,3,4,5,6$（按逆时针的弧长度）。故当轮换时，恰好在13边形的两条边和对角线恰好轮到一次。这表明S的每对元素恰好出现在26个三元子集之一中。

2′ 设 $S=\{1,2,\cdots,13\}$，$A_1, A_2, \cdots, A_k$ 都是S的子集且满足
(i) $|A_i|=3$，$i=1,2,\cdots,k$；
(ii) $|A_i \cap A_j| \leq 1$，$1 \leq i < j \leq k$.

求k的最大值。   答案：$k_{max}=26$.

例3 9位歌手参加一次艺术节，准备为他们安排m场演出，每场由其中4人登场演出。要求其中每两人同场演出的次数都同样多。请设计一种演出程序，使演出的场次最少。

解 设每两人都同场演出r次，于是有
$$6m = 36r, \quad m = 6r.$$

若 $m=6$，则 $r=1$，共有24人次出场。由抽屉原理知，9人中必有一人A至少出场3次。在A出场的3场中，除A外的另外8人共出场9人次，再由抽屉原理知必有一人B至少出场两次，于是A和B两人至少同时出场2次，矛盾。

若 $m=12$，则 $r=2$，共有48人次出场。由抽屉原理知9人中必有一人A至少出场6次。在这6场中，除A之外另外8人共出场18人次，由抽屉原理知另外8人中有一人B **至少出场3次**，于是A、B两人至少同场演出3次，此与 $r=2$ 矛盾。

当 $m=18$ 时，$r=3$，用双轮换排列法可以写出下列18场演出人员的号码四元集合如下：

{1,2,3,5} {1,4,6,9}
{2,3,4,6} {2,5,7,1}
{3,4,5,7} {3,6,8,2}
{4,5,6,8} {4,7,9,3}
{5,6,7,9} {5,8,1,4}
{6,7,8,1} {6,9,2,5}
{7,8,9,2} {7,1,3,6}

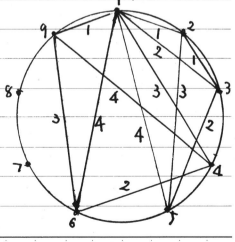

{8,9,1,3} {8,2,4,7}, {9,1,2,4} {9,3,5,8}.

右图中所示红蓝各一个四边形，共8条边和4条对角线组成的12条线中，长为1、2、3、4的恰好各3条。因此在轮换过程中，已知图形的四条边和对角线恰好各出现3次，即两人都同时演出3次。

综上可知，所求的m的最小值为18.

例 4 设 $S=\{1,2,\cdots,14\}$,$A_1,A_2,\cdots,A_k$ 都是 S 的子集且满足

(i) $|A_i|=3$, $i=1,2,\cdots,k$;

(ii) $|A_i\cap A_j|\leq 1$, $1\leq i<j\leq k$.

求 k 的最大值。

解 在"15个哨兵站岗问题"中的35个三元子集中,去掉含15的7个,得到28个三元子集如下:

$\{1,2,3\}\{1,4,5\}\{1,6,7\}\{1,8,9\}\{1,10,11\}\{1,12,13\}\{1,14,15\}$

$\{2,4,6\}\{2,5,7\}\{2,8,10\}\{2,9,11\}\{2,12,14\}\{2,13,15\}$

$\{3,4,7\}\{3,5,6\}\{3,8,11\}\{3,9,10\}\{3,12,15\}\{3,13,14\}$

$\{4,8,12\}\{4,9,13\}\{4,10,14\}\{4,11,15\}$

$\{5,8,13\}\{5,9,12\}\{5,10,15\}\{5,11,14\}$

$\{6,8,14\}\{6,9,15\}\{6,10,12\}\{6,11,13\}$

$\{7,8,15\}\{7,9,14\}\{7,10,13\}\{7,11,12\}$.

易见,这28个三元子集满足条件(i)和(ii),故知 k 的最大值不小于28.

另一方面,由于 S 中共有14个元素,而两个三元子集至多1个公共元素,所以每个 $a\in S$ 至多在这 A_i 中出现6次. 14个元素共出现84次,所以 $k\leq \dfrac{84}{3}=28$.

综上可知,k 的最大值为28.

注 上面对 $\{1,2,\cdots,15\}$ 写出的35个三元子集的方法是字典排列序.

※ 4′ 设 $S=\{1,2,\cdots,12\}$，$A_1, A_2, \cdots, A_k$ 都是 S 的子集且满足

(i) $|A_i|=3$，$i=1,2,\cdots,k$；

(ii) $|A_i\cap A_j|\leq 1$，$1\leq i<j\leq k$。

求 k 的最大值。

解 参照 2 题的方法，在 $S'=\{1,2,\cdots,13\}$ 中对 $\{1,4,5\}$ 和 $\{1,6,8\}$ 分别轮换，可得 26 个三元子集：

$\{1,4,5\}\{2,5,6\}\{3,6,7\}\{4,7,8\}\{5,8,9\}\{6,9,10\}\{7,10,11\}$
$\{8,11,12\}\{9,12,13\}\{10,13,1\}\{11,1,2\}\{12,2,3\}\{13,3,4\}$；
$\{1,6,8\}\{2,7,9\}\{3,8,10\}\{4,9,11\}\{5,10,12\}\{6,11,13\}\{7,12,1\}$
$\{8,13,2\}\{9,1,3\}\{10,2,4\}\{11,3,5\}\{12,4,6\}\{13,5,7\}$。

其中共有 6 个三元子集中含有 13，去掉这 6 个，还有 20 个三元子集：

$\{1,4,5\}\{2,5,6\}\{3,6,7\}\{4,7,8\}\{5,8,9\}\{6,9,10\}\{7,10,11\}$
$\{8,11,12\}\{11,1,2\}\{12,2,3\}$；
$\{1,6,8\}\{2,7,9\}\{3,8,10\}\{4,9,11\}\{5,10,12\}\{7,12,1\}\{9,1,3\}$
$\{10,2,4\}\{11,3,5\}\{12,4,6\}$。

易见，这 20 个子集满足条件 (i) 和 (ii)。

另一方面，S 中每个元素至多属于 5 个 A_i，故 A_i 中至多 60 个元素，所以 $k\leq 20$。

综上可知，k 的最大值为 20。

5. 棱长为 n 的正方体分成 n^3 个单位正方体，挑选其中的 m 个小正方体并经过每一个选中的小正方体的中心作平行于正方体棱的3条不同直线，使得这些直线可以划掉所有小正方体，求 m 的最小值。（《组合卷》7·46）（1971年荷兰全苏数学奥林匹克）

解 下图中以 $n=8$ 和 $n=9$（一偶一奇）为例按轮换排列给画出了选取的小正方体的情形，其中方格中的数字表示小正方体在大正方体中的层数：

1	4	3	2				
2	1	4	3				
3	2	1	4				
4	3	2	1				
				5	8	7	6
				6	5	8	7
				7	6	5	8
				8	7	6	5

1	4	3	2					
2	1	4	3					
3	2	1	4					
4	3	2	1					
				5	4	8	7	6
				6	5	4	8	7
				7	6	5	4	8
				8	7	6	5	4
				9	8	7	6	5

易见，这样选取的 $2k^2$（$n=2k$）及 $k^2+(k+1)^2$（$n=2k+1$）个小正方体满足题中要求。故选取单位正方体的个数的最小值 $m_{min} \leq \dfrac{n^2}{2}$（$n$ 为偶数）或 $m_{min} \leq \dfrac{n^2+1}{2}$（$n$ 为奇数）。

另一方面，取正方体正面的 $n \times n$ 的方格表。对于任何一组满足题中要求的选取正方体，都将它们投影到正面上来。在 $n \times n$ 方格表的每个方格中写出投影到该方格的选取小正方体的个数。于是这个 $n \times n$ 方格表的每个方格中都填入了一个自然数。注意，如果 $n \times n$ 方格表中有某个方格中的填的数为0，则表明它所代表的一串 n 个小正方体中一个也未被选中。因而这 n 个正方体都得被与其同层同行或同层同列的选取小正方体所引出的线所划掉。所以，$n \times n$ 影表中0（如果有的话）所在的一行一列中的有数之和不小于 n。于是只须再证如下的：

引理 在 $n\times n$ 方格表的每个方格中都填写一个自然数，使对于表格中的每个数 0，它所在的一行一列中所有数之和都不小于 n，则表格中的所有数之和不小于 $\frac{n^2}{2}$。

引理之证 对于数表中的每行每列的各 n 个数分别求和，得到 $2n$ 个和数。记这 $2n$ 个数中的最小数为 m。若 $m \geq \frac{n}{2}$，则所有数之和当然不小于 $\frac{n^2}{2}$。以下设 $m < \frac{n}{2}$，不妨设第 1 行数之和为 m，且其中前 q 个元素异于 0，后 $n-q$ 个元素为 0，于是 $q \leq m < \frac{n}{2}$。因为之知 0 所在的一行一列中所有数之和都 $\geq n$，而行和为 m，故表中后 $n-q$ 列中每列数之和都 $\geq n-m$。从而表中所有数之和

$$S \geq qm + (n-q)(n-m) = qm + n^2 - mn - qn + qm$$
$$= \frac{n^2}{2} + \frac{n^2}{2} + 2qm - mn - qn$$
$$= \frac{n^2}{2} + \frac{1}{2}(n-2q)(n-2m) \geq \frac{n^2}{2}.$$

综上可知，所求的选取小正方体的个数的最小值为 $\left[\frac{n^2+1}{2}\right]$。

例6 设 $S=\{1,2,\cdots,10\}$，$A_1, A_2, \cdots, A_k$ 都是 S 的子集且满足

(i) $|A_i|=3$，$i=1,2,\cdots,k$；

(ii) $|A_i \cap A_j| \le 1$，$1 \le i < j \le k$.

求 k 的最大值.

解 易见，每个 $a \in S$ 至多属于 $A_1, A_2, \cdots, A_k$ 中的 4 个，于是 S 中的 10 个元素至多在诸 A_i 中出现 40 次，所以 $k \le 13$.

另一方面，我们来构造 $k=13$ 的例子，这可以由字典排列法来完成. 注意，每个数出现 4 次，只有 1 个数出现 3 次，所以每个数均与另 1 个数不同组. 于是我们尝试安排 1与5, 2与6, 3与7, 4与8, 5与10不同组，可以得到：

$\{1,2,3\}\{1,4,5\}\{1,7,8\}\{1,9,10\}$

$\{2,4,6\}\{2,5,9\}\{2,8,10\}$

$\{3,4,9\}\{3,5,7\}\{3,6,10\}$

$\{4,7,10\}\{5,6,8\}\{6,7,9\}$.

综上可知，k 的最大值为 13.

注意，这 13 个子集中，共有 S 的 6 个数对 $\{1,6\}\{2,7\}\{3,8\}\{4,8\}\{5,10\}\{8,9\}$ 没有出现，而且其中有 4 个数对 $\{1,6\}\{2,7\}\{3,8\}\{5,10\}$ 互不相交，故当在 S 中增补 11 时，可以增加 4 个三元组：

$\{1,6,11\}\{2,7,11\}\{3,8,11\}\{5,10,11\}$.

这表明 $S=\{1,2,\cdots,10,11\}$ 中至少有 17 个三元子集满足类似的要求.

※7. 设 $S=\{1,2,\cdots,11\}$，$A_1, A_2, \cdots, A_k$ 都是 S 的子集且满足

(i) $|A_i|=3$，$i=1,2,\cdots,k$；

(ii) $|A_i \cap A_j| \leq 1$，$1 \leq i < j \leq k$.

求 k 的最大值.

解 上影后面的构造表明，k 的最大值不小于17.

另一方面，每个 $a \in S$ 至多属于 $A_1, A_2, \cdots, A_k$ 中的5个，因此 S 中的11个元素至多在诸 A_i 中出现55次，所以 $k \leq \left[\frac{55}{3}\right] = 18$.

设有 $A_1, A_2, \cdots, A_{18}$ 满足题中要求。于是由(i)知每个 A_i 中有3个元素，共可组成3个不同"数对"，当然都是 S 中的二元子集，共有54个。由(ii)又知，这54个"数对"互不相同，故与 S 中的全部55个数对相比，只缺少1个。

但是18个三元子集中共有54个元素。每个元素至多出现5次，故只能是10个元素各出现5次而另一个元素 b 出现4次。含 b 的4个三元子集中，除 b 之外共有8个元素，故有两个含 b 的数对不出现，矛盾。所以 $k \leq 17$.

综上可知，k 的最大值为17.

注 也可以不用上影结果，而直接用字典排列法与匀分排列法来构造17个三元子集的例子：$\{1,2,3\}\{1,4,5\}\{1,6,7\}\{1,8,9\}\{1,10,11\}$
$\{2,4,6\}\{2,5,8\}\{2,7,10\}\{2,9,11\}$
$\{3,4,7\}\{3,5,9\}\{3,6,11\}\{3,8,10\}$
$\{4,8,11\}\{4,9,10\}\{5,6,10\}\{5,7,11\}$

注意，这17个子集中共51个元素，其中6.7.8.

9各4个，余下的1、2、3、4、5、10、11各5个。因此，从表中划掉6、7、8、9中在b、d列之一，都可得到适用于第6题的例子：

这表明了两个例子之间的推导关系。

※8 设一次游泳训练营共16名运动员，进行一次接力训练比赛，主教练想要再次将16人分成4队，在泳池中比赛一次，要求在比赛若干次之后，使得每两人都作为队友恰出场一次。问他的想法能实现吗？

解1 将16名运动员分别编号为1,2,…,16，并记 $S=\{1,2,…,16\}$，于是每队4人的号码为 S 的一个四元子集，且每次比赛的4队对应的4个四元子集互不相交。

用字典排列法可以找出下列20个四元子集分成5组：
$\{1,2,3,4\}\{5,8,11,14\}\{6,9,12,15\}\{7,10,13,16\}$
$\{1,5,6,7\}\{2,10,12,14\}\{3,9,11,16\}\{4,8,13,15\}$
$\{1,8,9,10\}\{2,7,11,15\}\{3,6,13,14\}\{4,5,12,16\}$
$\{1,11,12,13\}\{2,6,8,16\}\{3,5,10,15\}\{4,7,9,14\}$
$\{1,14,15,16\}\{2,5,9,13\}\{3,7,8,12\}\{4,6,10,11\}.$

容易看出，每两个四元子集至多1个公共元素，每个 $i\in S$ 恰在5个四元子集中出现，所以恰与15个元素各出现在一个子集中，即每两人都作为队友恰出场一次。所以，教练的想法可以实现。

解2 可以用轮换排列法与字典排列法结合的方法来写出：
$\{1,2,3,4\}\{5,6,7,8\}\{9,10,11,12\}\{13,14,15,16\}$
$\{1,5,9,13\}\{2,8,11,14\}\{3,6,12,15\}\{4,7,10,16\}$
$\{1,6,10,14\}\{2,7,12,13\}\{3,5,11,16\}\{4,8,9,15\}$
$\{1,7,11,15\}\{2,6,9,16\}\{3,8,10,13\}\{4,5,12,14\}$
$\{1,8,12,16\}\{2,5,10,15\}\{3,7,9,14\}\{4,6,11,13\}.$

解3 按均匀排列法写出：

$\{1,2,3,4\}\{5,6,7,8\}\{9,10,11,12\}\{13,14,15,16\}$

$\{1,5,9,13\}\{2,6,10,14\}\{3,7,11,15\}\{4,8,12,16\}$

$\{1,6,12,15\}\{2,5,11,16\}\{3,8,10,13\}\{4,7,9,14\}$

$\{1,7,10,16\}\{2,8,9,15\}\{3,5,12,14\}\{4,6,11,13\}$

$\{1,8,11,14\}\{2,7,12,13\}\{3,6,9,16\}\{4,5,10,15\}.$

容易验证，这20个四元子集满足题中要求。

解4 参照4所给例的展开法，也可以认为是均匀排列法：

$\{1,2,3,4\}\{1,5,9,13\}\{1,6,11,16\}\{1,7,12,14\}\{1,8,10,15\}$

$\{5,6,7,8\}\{2,6,10,14\}\{2,5,12,15\}\{2,8,11,13\}\{2,7,9,16\}$

$\{9,10,11,12\}\{3,7,11,15\}\{3,8,9,14\}\{3,5,10,16\}\{3,6,12,13\}$

$\{13,14,15,16\}\{4,8,12,16\}\{4,7,10,13\}\{4,6,9,15\}\{4,5,11,14\}.$

注 这4组例子中，每个数都恰出现5次，去掉含16的5个，余下的15个四元子集也都分别是字一轮(一)中第17题所需要的例子。

本题以例2形式给出为第一题的答案：

8' 设 $S=\{1,2,\cdots,16\}$，$A_1,A_2,\cdots,A_k$都是S的子集且满足

(i) $|A_i|=4$，$i=1,2,\cdots,k$；

(ii) $|A_i\cap A_j|\leq 1$，$1\leq i<j\leq k$；

(iii) 每个A_i动5另3个元素被。

求k的最大值。

8. 设 $S=\{1,2,\cdots,15\}$，$A_1, A_2, \cdots, A_k$ 都是 S 的子集且满足

(i) $|A_i|=4$，$i=1,2,\cdots,k$；

(ii) $|A_i \cap A_j| \le 1$，$1 \le i < j \le k$.

求 k 的最大值.

解 易知，每个 $a \in S$ 至多在 4 个 A_i 中出现，所以 $k \le 15$. 所以要将上题中的 20 个四元子集中舍 16 至 5 个去掉，便得 15 个四元子集满足题之中的要求. 因此，k 的最大值为 15.

※9. 一次游泳训练营为 n 名学员安排接力训练比赛，每队 4 人，每次两队同时游。要求其中每两人都作为对手（同场游的两队含 1 人）游两次，求 n 的最小值。

解 每人都要与其余 n-1 人各游两次，共游 2(n-1) 次（包括重复），每次对手 4 人，共参游场次为 $\frac{1}{2}(n-1)$，n 个人共游 $\frac{1}{2}n(n-1)$ 次，每次 8 人同游，故在上述计数中，每次比赛被计 8 次，所以不同场次数应为 $\frac{1}{16}n(n-1)$。于是有

$2|n-1$，$16|n(n-1)$，$n \geq 8$，∴ $16|n-1$，

即应有 $n = 16k+1$，$k = 1, 2, \cdots$。

当 n=17 时，搬轮换排列法可以写出 17 场比赛的出场人员分别为

{1.2.3.4 ; 5.9.13.17}
{2.3.4.5 ; 6.10.14.1}
{3.4.5.6 ; 7.11.15.2}
{4.5.6.7 ; 8.12.16.3}
{5.6.7.8 ; 9.13.17.4}
{6.7.8.9 ; 10.14.1.5}
{7.8.9.10 ; 11.15.2.6}
{8.9.10.11 ; 12.16.3.7}
{9.10.11.12 ; 13.17.4.8} {10.11.12.13 ; 14.1.5.9}
{11.12.13.14 ; 15.2.6.10} {12.13.14.15 ; 16.3.7.11}
{13.14.15.16 ; 17.4.8.12} {14.15.16.17 ; 1.5.9.13}
{15.16.17.1 ; 2.6.10.14} {16.17.1.2 ; 3.7.11.15}
{17.1.2.3 ; 4.8.12.16}。综上所述，n 的最小值为 17。

改9' 将每两人作为对手游两次改为游一次，解同样的问题。

解 每人与另(n-1)人各作为对手游一次，而每人游一场次的对手共4人，故每人游的场次应为 $\frac{1}{4}(n-1)$，从而不同比赛场次应为 $\frac{1}{32}n(n-1)$。于是应有

$4|n-1$，$32|n(n-1)$，$n \geq 8$，∴ $32|(n-1)$，

即有 $n = 32k+1$，$k = 1, 2, \cdots$。

当 $k=1$，$n=33$ 时，按轮换排列法可以写出：

{1,2,3,4; 5,9,13,17} {2,3,4,5; 6,10,14,18} {3,4,5,6; 7,11,15,19}
{4,5,6,7; 8,12,16,20} {5,6,7,8; 9,13,17,21} {6,7,8,9; 10,14,18,22}
{7,8,9,10; 11,15,19,23} {8,9,10,11; 12,16,20,24} {9,10,11,12; 13,17,21,25}
{10,11,12,13; 14,18,22,26} {11,12,13,14; 15,19,23,27} {12,13,14,15; 16,20,24,28}
{13,14,15,16; 17,21,25,29} {14,15,16,17; 18,22,26,30} {15,16,17,18; 19,23,27,31}
{16,17,18,19; 20,24,28,32} {17,18,19,20; 21,25,29,33} {18,19,20,21; 22,26,30,1}
{19,20,21,22; 23,27,31,2} {20,21,22,23; 24,28,32,3} {21,22,23,24; 25,29,33,4}
{22,23,24,25; 26,30,1,5} {23,24,25,26; 27,31,2,6} {24,25,26,27; 28,32,3,7}
{25,26,27,28; 29,33,4,8} {26,27,28,29; 30,1,5,9} {27,28,29,30; 31,2,6,10}
{28,29,30,31; 32,3,7,11} {29,30,31,32; 33,4,8,12} {30,31,32,33; 1,5,9,13}
{31,32,33,1; 2,6,10,14} {32,33,1,2; 3,7,11,15} {33,1,2,3; 4,8,12,16}。

综上所述，n 之最小值为 33。

10. 9名乒乓球运动员参加一次单循环赛，试问比赛结束后，能否使其中任何两人，都有第3名运动员战胜了他们二人？

解 可以。用轮换排列法可以举例如下：
1{2,3,5,7}, 2{3,4,6,8}, 3{4,5,7,9},
4{5,6,8,1}, 5{6,7,9,2}, 6{7,8,1,3},
7{8,9,2,4}, 8{9,1,3,5}, 9{1,2,4,6}.

容易验证，集合{1,2,…,9}的每个元素都恰在上述9个4元集中出现1次，当然满足题中要求。

11. 8名学生解答8道试题.

(a) 若每题至少被5人正确解答，则可以找到两名学生，使得每道题至少被这两名学生之一正确解答.

(b) 若每题只有4人正确解答，请举例说明(a)中结论可能不再成立.
(1997年华校小学决赛二试5题)

解 (a) 不妨设每题都有5人解对. 设A解对5题，于是余下3道题各有5人解出，共15人次，且这15人都是除A之外的余下7人. 因为 $15 = 7 \times 2 + 1$，故由抽屉原理知其中必有一人B解出3题. 于是(A, B)两人满足题中要求.

(b) 当每题4人作对时，可用字典排列法和轮换排列法，及均匀排列法举例如下：

人	一	二	三	四	五	六	七	八
1	○	○	○	○				
2	○				○	○	○	
3		○			○	○		○
4			○		○		○	○
5			○	○		○		○
6		○	○				○	○
7		○		○	○		○	
8	○			○		○		○

人	一	二	三	四	五	六	七	八
1	○	○	○	○				
2		○	○	○	○			
3			○	○	○	○		
4				○	○	○	○	
5					○	○	○	○
6	○					○	○	○
7	○	○					○	○
8	○	○	○					○

人	一	二	三	四	五	六	七	八
1	○	○	○	○				
2	○				○	○	○	
3		○			○		○	○
4			○			○	○	○
5				○	○	○		○
6		○	○	○		○		
7	○		○	○	○			
8	○	○					○	○

容易看出，任何两人都少作出一道相同题目. 故8题中的小题未被此二人解出.

12. 某国建立了这样的航空网：任何一个城市至多与另外3个城市分别有航线，且从任一城市到另外任一城市至多需要换乘一次，问这个国家最多有多少个城市？　　　　(1969年全苏数学奥林匹克)

解　设A城为该国的一个固定城市，从A出发至多可以到达另外3个城市B_1, B_2, B_3，而这3个城市中每个B_i至多与另外两个城市有航空线，所以该国至多有10个城市。

另一方面，用1，2，…，10分别表示10个城市，有航线的15个城市对为

$\quad$(1,2) (2,3) (3,4) (4,5) (5,1)
$\quad$(6,8) (7,9) (8,10) (9,6) (10,7)
$\quad$(1,6) (2,7) (3,8) (4,9) (5,10)

时，即满足题中要求，由轮换对称性知，只须验证城市1满足要求.

$(1)\begin{cases}(1,2)\begin{cases}(2,3)\\(2,7)\end{cases}\\(1,5)\begin{cases}(5,4)\\(5,10)\end{cases}\\(1,6)\begin{cases}(6,8)\\(6,9)\end{cases}\end{cases}$

最后，这个例子可用图论方法表示如右：

注　这个例子还可化为下题的例子：在10所图中既无三角形又无四边形，问图中最多有多少条边？

十二、离散最值问题（三）

离散最值问题是竞赛题中出现频率相当高的一类题目，也是对参赛学生的数学功底、数学修养要求较高的一类题目。组合中与数论中的许多内容都可以提出各种最值问题。代数问题更是常常是连续最值问题，但有时也可提出离散的最值问题。所以，离散最值问题经常受到命题人的重视，并受到参赛学生及其教练界的欢迎。

1. 设 $A=\{1,2,3,\cdots,1999\}$，$S \subseteq A$，$|S|=1000$，若存在 $x,y \in S$，使得 $x<y$，$x|y$，则称 S 为好子集。求最大自然数 n，使得任何含 n 的千元子集都是好集。 （《中学数学》99-2-封底）

解 首先，令
$$S_0 = \{1000, 1001, \cdots, 1999\},$$
则 $S_0 \subseteq A$ 且 $|S_0|=1000$。由于 S_0 中任何数的倍数（至少2倍）都不在 A 中，当然更不在 S_0 中，所以 S_0 不是好集。因此，所求的最大自然数 n 小于 1000。

其次，再令
$$S_i = (S_0 - \{(666+i) \times 2\}) \cup \{666+i\}, \quad i=1,2,\cdots,333.$$
因为 $667 \times 3 = 2001$，所以 $S_i (i=1,2,\cdots,333)$ 都不是好集，从而又有 $n < 667$。

再次，令
$$S' = (S_0 - \{1332, 1998\}) \cup \{666, 999\},$$
则 S' 不是好集，所以 $n < 666$。

最后，往证含 $n=665$ 的任何千元子集都是好集。设 $S \subseteq A$，$|S|=1000$，$665 \in S$。

(1) 若 $665 \times 2 = 1330$，$665 \times 3 = 1995$ 至少有1个在 S 中，则 S 是好集。

(2) 若1330和1995都不在S中, 则令

$M_1 = \{1, 2, 4, 8, \cdots, 2^{10}\}$,

$M_2 = \{3, 6, 12, \cdots, 3 \times 2^9\}$,

$M_3 = \{5, 5 \times 2, 5 \times 2^2, \cdots, 5 \times 2^8\}$,

$\vdots$

$M_k = \{2k-1, (2k-1) \times 2, (2k-1) \times 4, \cdots, (2k-1) \times 2^{10}\} \cap A$,

$k = 1, 2, \cdots, 1000$.

注意, 其中后500个都只是单元素集. 于是

$M_{333} = \{665, 1330\}$, $M_{998} = \{1995\}$.

去掉这两个子集后, 还有998个互不相交的子集. 但 $S - \{665\}$ 中共有 999个元素. 由抽屉原理知其中必有两个元素在同一个 M_i 中, 所以大数必为小数的倍数, 即S为好集.

综上可知, 最大自然数 $n = 665$.

2. MO太空城由99个空间站组成，任何两个空间站之间都有一条管形通道相连。规定其中99条通道为双向通行的主干道，其余通道只能单向通行。如果某4个空间站可以经由它们之间的通道从其中任一站走到另外任何一站，则称这4个站的集合为一个互通四站组。试为MO太空城设计一个方案，使得互通四站组的个数最多（请具体算出该最大值并证明你的结论）。　　（1999年中国数学奥林匹克第3题）

解　首先注意，整个太空城中共有

$$C_{99}^2 - 99 = \frac{1}{2} \times 99 \times 98 - 99 = 99 \times 48$$

从估计入手
补集计数

条单行通道。

将不是互通的四站组称为"坏四站组"。于是坏四站组有3种情形：

(1) 站A引出的3条通道全都离开A；

(2) 站A引出的3条通道全都走向A；

(3) 站A与B、C与D之间都是双行主干道，但AC、AD都离开A，而BC、BD都离开B。

将第(1)组的所有坏四站组的集合记为S，其它坏四站组的集合记为T。让我们来计算|S|。将99个空间站分别编号为$1, 2, \cdots, 99$。设第i站走出的道路条数为s_i，则$\sum s_i = 99 \times 48$，而从第i站走出3条通道的(1)类坏四站组的个数为$C_{s_i}^3$，所以

$$|S| = \sum_{i=1}^{99} C_{s_i}^3 \geq 99 \times C_{48}^3 = 99 \times 8 \times 47 \times 46.$$

又因所有四站组的总数为

$$C_{99}^4 = \frac{1}{24} \times 99 \times 98 \times 97 \times 96 = 4 \times 99 \times 98 \times 97.$$

所以互通四站组的个数不多于

$$C_{99}^4 - 99 C_{48}^3 = 4 \times 99 \times 98 \times 97 - 8 \times 99 \times 47 \times 46$$
$$= 8 \times 99 (49 \times 97 - 47 \times 46)$$
$$= 792 \times (4753 - 2162) = 2052072.$$

另一方面，我们构造一个例子，使得互通四站组的个数恰为 2052072。为此，显然应该使每站 A_i 走出和走入的单行道都是 48 条，而另两条为双行主干道，同时不能有 T 类四站组。

将 99 个空间站对应于一个圆内接正 99 边形的 99 个顶点。规定多边形的 99 条最长对角线为双行主干道，于是每站都有两条主干道。然后规定，对于站 A_i，按顺时针顺序接下去的 48 个站，道路都是从 A_i 走出的；按逆时针顺序接下去的 48 个站，道路都是走向 A_i 的。让我们来验证，在这种规定之下，太空城中只有 S 类的坏四站组而没有 T 类的坏四站组。 举例配合

设 A, B, C, D 为任一四站组。

(i) 若四站间有两条双行道，则显然是互通的。

(ii) 若 4 站间有唯一的双行道，另两个站总在双行道一侧或两侧，则四站总形成一个环路，也必是互通的。

(iii) 若四站间没有主干道，则或有一点 A 有 3 条路都是走出，或者点 A 的 3 条路都是走入。先为后者，不妨设 AB, AC, AD 都是走向 A 的。于是 B, C, D 3 站都在从 A 逆时针算下去的 48 个站中，不妨设 D 离 A 最远。于是 AD, BD, CD 都走出边 D，即为 S 类四站组。

综上所述，互通四站组的个数的最大值为 2052072。

注 上述例子也是轮换排列的。

147

3. 在集合 $S=\{1,2,\cdots,25\}$ 中选出若干个数组成一个集合 M，使得 M 的所有不同子集中的各数之和互不相同，求 M 中所有数之和的最大值。(1995年中国集训队测验题)

解 集合 $\{25,24,23,21,18,12\}$ 满足题中要求且所有数之和为 123，于是所求的最大值不小于 123。 [从举例入手]

另一方面，我们注意到

(1) 从 $\{25,24,23,22\}$ 中至多选取 3 个数。

(2) 从 $\{25,24,23,22,21,20,19\}$ 中至多选取 4 个数。若从其中选取 5 个数 $25\geq a>b>c>d>e\geq 19$，则由

$$(a+c)-(c+e)=a-e\leq 25-19=6.$$

$$a+c \begin{cases} >a+d>a+e>b+e> \\ >b+c>b+d>c+d> \end{cases} c+e$$

这表明上列 8 个二元子集的 8 个不同的和数至多有 7 个不同值。由抽屉原理知其中必有两个和数相等，与题中要求矛盾。

(3) 从 $\{25,24,23,22,21,20,19,18,17,16,15,14,13\}$ 中至多可选取 5 个数满足要求。若从中选取 6 个数 $25\geq a>b>c>d>e>f\geq 13$，则有 [等价证明法] [抽屉原理]

(i) 设 $b+e\leq c+d$，于是

$$(a+c+d)-(c+d+f)=a-f\leq 12.$$

$$c+d+f \leq \begin{cases} a+c+d & b+c+d & c+d+e \\ a+c+e & b+c+e & c+d+f \\ a+c+f & b+c+f & a+b+e \\ a+d+e & b+d+e & a+b+f \\ a+d+f & b+d+f & \end{cases} \leq a+c+d$$

148

这表明中间的14个三元集的和数至多有13个不同的值,由抽屉原理知其中必有两个和数相等.

(ii) $b+e > c+d$. 于是 $(a+b+e)-(b+e+f) = a-f \le 12$.

$$b+e+f \le \begin{cases} a+b+e & b+c+d & a+c+d \\ a+b+f & b+c+e & \\ a+c+e & b+c+f & \\ a+c+f & b+d+e & \\ a+d+e & b+d+f & \\ a+d+f & b+e+f & \\ a+e+f & & \end{cases} \le a+b+e$$

这14个不同的三元集的和数也是至多有13个不同的值,由抽屉原理知其中必有两个三元集的和数相等.

综上可知,所求的M中所有数之和的最大值为123.

4. 设 M 是一个 56 元集合，求最小正整数 n，使对 M 的任何 15 个子集，只要它们中任意 7 个子集的并集中元素个数不小于 n，则这 15 个子集中一定存在 3 个，它们的交非空。(2006 年中国数学奥林匹克 6 题)

解 将 $1,2,\cdots,56$ 依次填入 8×7 的方格表中如右表所示，然后将表的 8 行 7 列分别定义为 15 个子集 $A_1,A_2,\cdots,A_8,B_1,B_2,\cdots,B_7$。其中的 7 个子集 $\{A_1,A_2,A_3,A_4,B_1,B_2,B_3\}$ 之并集共有 40 个元素，但其中任何 3 个子集，总有两个子集同在 A 组或同在 B 组，二者之交为空集。即对这 15 个子集中的任何 7 个子集，其并集中均有 40 个元素，且任何 3 个子集之交为空集。这表明所求的最小正整数 $n>40$。【从举例入手】

	1	2	3	4	5	6	7
A_1	1	2	3	4	5	6	7
A_2	8	9	10	11	12	13	14
A_3	15	16	17	18	19	20	21
A_4	22	23	24	25	26	27	28
A_5	29	30	31	32	33	34	35
A_6	36	37	38	39	40	41	42
A_7	43	44	45	46	47	48	49
A_8	50	51	52	53	54	55	56
	B_1	B_2	B_3	B_4	B_5	B_6	B_7

另一方面，我们用反证法证明所求的最小正整数为 $n=41$。假定存在 M 的 15 子集 $A_1,A_2,\cdots,A_{15}$，它们中任何 7 个的并集均有 41 个元素但任何 3 个子集之交均为空集。若这个元素至多属于这 15 个子集中的两个（否则可在一些子集中添加一些元素）。可设每个元素恰属于两个子集，于是由抽屉原理知，必有一个子集 A 至少含有 $\left[\frac{2\times 56}{15}\right]+1=8$ 个元素，不妨设 $A=A_{15}$。

(1) 考察前 14 个子集，其中任何 7 个子集之并中至少有 41 个不同元素，所以，所有不含 A 的 7-子集组都对应于 M 中的至少 41 个元素，共至少对应于 M 中的 $41C_{14}^{7}$ 个元素（包括重复）。此外，对于任何 $a\in M$，若 $a\notin A$，则因 $A_1,A_2,\cdots,A_{14}$ 中有两个含有 a，故在上述计数中，a 被计算了 $C_{14}^{7}-C_{12}^{7}$ 次。如 $a\in A$，则 $A_1,A_2,\cdots,A_{14}$ 中恰有 1 个含有 a，在上述计数中 a

被升数了 $C_{14}^7 - C_{13}^7$ 次. 让 a 取遍 $1, 2, \cdots, 56$. 便有

$$41 C_{14}^7 \le (56-|A|)(C_{14}^7 - C_{12}^7) + |A|(C_{14}^7 - C_{13}^7)$$
$$= 48(C_{14}^7 - C_{12}^7) + 8(C_{14}^7 - C_{13}^7)$$

反证法

$$15 C_{14}^7 \ge 48 C_{12}^7 + 8 C_{13}^7$$
$$15 \times 3432 \ge 48 \times 792 + 8 \times 1716$$
$$15 \times 429 \ge 6 \times 792 + 1716$$
$$5 \times 429 \ge 2 \times 792 + 572$$
$$2145 \ge 1584 + 572 = 2156.$$

矛盾.

综上可知，所求的最小正整数 $n = 41$.

5. 将 1 至 n^2 这 n^2 个数随机地填入到 $n \times n$ 方格表中的 n^2 个方格中,每个方格中恰填一个数,$n \geq 2$. 对于同行或同列的每一对数,都计算较大数与较小数的比值. 这 $n^2(n-1)$ 个比值中的最小值称为这一填数法的"特征值". 求"特征值"的最大值. (1999年IMO预选题)

解 (1) 首先证明,对任一填数排列 A,其特征值 $C(A) \leq \dfrac{n+1}{n}$. 考察最大的 $n+1$ 个自然数 $n^2, n^2-1, n^2-2, \cdots, n^2-n = n(n-1)$. 由抽屉原理知,其中必有两个数处于同一行,也必有两个数处于同一列.

若处于同一行或同一列中的两个数中之一对中没有 n^2-n,则有

$$C(A) = \dfrac{a}{b} \leq \dfrac{n^2}{n^2-n+1} < \dfrac{n+1}{n} \quad (\text{由 } n^3+1 > n^3).$$

若同一行的两个数与同一列的两个数构成的两个数对中均包含 n^2-n,则行与列中的各另一数中较小的一个数 $\leq n^2-1$. 于是又有

$$C(A) = \dfrac{a}{b} \leq \dfrac{n^2-1}{n^2-n} = \dfrac{(n+1)(n-1)}{n(n-1)} = \dfrac{n+1}{n}.$$

所以,无论哪种情形,总有 $C(A) \leq \dfrac{n+1}{n}$.

(2) 再证 $C(A)$ 的最大值 $\geq \dfrac{n+1}{n}$. 构造如下的填数法:首先将最大的 n 个数 $n^2-n+1, n^2-n+2, \cdots, n^2$ 依次排在主对角线的 n 个位置上,然后将接下来的 n 个较大的数 $n^2-2n+1, n^2-2n+2, \cdots, n^2-n$ 排在主对角线向左移动一格的 n 个方格中. 依此类推,直到将 n^2 个数全部填完为止. 具体写出如下:

$$a_{ij} = \begin{cases} i + n(j-i-1), & i < j, \\ i + n(n-i+j-1), & i \geq j, \end{cases} \quad i = 1, 2, \cdots, n.$$

容易看出，在这一填法中，同行内任意两数之差都是n的倍数，所以有
$$\frac{a_{ik}}{a_{ij}} \geq 1 + \frac{n}{a_{ij}} \geq 1 + \frac{n}{n^2} = 1 + \frac{1}{n} = \frac{n+1}{n}.$$

另一方面接到观察，第1列的n个数 【双向估计法】
$$n^2-n+1, \ n^2-2n+2, \ \cdots, \ n^2-n^2+n = n$$

组成一个公差为 $d = n-1$ 的等差数列，于是必有
$$\frac{a_{i1}}{a_{j1}} = \frac{1+id}{1+jd} \geq \frac{1+nd}{1+(n-1)d} = \frac{n^2-n+1}{n^2-2n+2} \geq \frac{n+1}{n}.$$

对于 $j = 2, 3, \cdots, n-1$ 各列，从小到大排列为
$$j-1, \ n+j-2, \ 2n+j-3, \ \cdots, \ (j-2)n-1, \ (j-1)n+n,$$
$$jn+(n-1), \ \cdots, \ (n-1)n+j. \qquad j = 2, 3, \cdots, n-1.$$

其中前 $j-1$ 项公差为 $d = n-1$，后 $n-j+1$ 项也是公差为 $d=n+1$ 的等差数列，且第 j 项与第 $j-1$ 项之差为 $2n-1$，于是
$$\frac{a_{ij}}{a_{kj}} \geq \frac{j+n(n-1)}{j+1+n(n-2)} \geq \frac{n+1}{n}.$$

当 $j = n-1$ 时，上式中等号成立。

对于第n列，当 $n \geq 3$ 时，
$$\frac{a_{in}}{a_{kn}} \geq \frac{n-1}{n-2} > \frac{n+1}{n}.$$

当此有 $C(A)$ 的最大值 $\geq \frac{n+1}{n}$.

综上可知，$C(A)$ 的最大值为 $\frac{n+1}{n}$.

6. 设 $S=\{1,2,3,4,5\}$,数列 $a_1, a_2, \cdots, a_n$ 满足下列条件:

(i) $a_i \in S$, $i=1,2,\cdots,n$;

(ii) 对于 S 的任何子集 T,数列中都有连续 $|T|$ 项,这些项作为 $|T|$ 元集合恰为子集 T.

求次数 n 的最小值.

解 因为 S 共有 $C_5^3 = 10$ 个不同的三元子集,故需要对应于数列的 10 个不同的三元组,所以 $n \geq 12$.

若 $n=12$,即数列共有 12 项且满足题中要求,则数列共有 10 个连续三次组且作为集合至不相同.于是两个值相同的项之间至少隔 3 项,这时 S 中的每个元素恰属于 6 个三元子集,当然对应于数列中的 6 个连续三次组.

注意,数列中首尾两项各恰属于 1 个连续 3 次组.从两端分别数的两个第 2 次各属于两个连续三元组.位于中间的其余各项的各属于 3 个连续三次组.

若有 S 中某元在 12 次中出现 4 次,则至少出现在 8 个连续 3 次组中.于是对应的 8 个三元子集必有重复,所以 S 中的每个元素至多在数列中出现 3 次.显然,至少出现 2 次.故 S 的 5 元中恰有两个元各出现 3 次而另 3 元各出现 2 次.不妨设 1 和 2 各出现 3 次.于是取值为 1, 2 的项次位分别为 $\{1, 11\}$ 和 $\{2, 12\}$ 两次.即有 [位置分析法]

1, 2, 3, □, □, □, □, □, □, 4, 1, 2.

不妨设其中从两端分别数第 3 次分别为 3 和 4.这样,由于必有连续 3 次对应三元子集 $\{1,2,5\}$,所以数列中必有连续 3 次为 1, 5, 2 或 2, 5, 1 (因为 1 和 2 不能再相邻).又因 1 和 2 不能在第 4 和 9 次的位置,故只能出现

在中间4格之中，即第5、6、7、8的3个连续位置上，不妨设为

$$1,2,3,\square,1,5,2,\square,\square,4,1,2.$$

于是两个5之间至多隔2次，矛盾，从而 $n \geq 13$。

下面来构造1满足题中要求的13次数列，首先考察10次数列

$$1,2,3,4,5,1,3,5,2,4.$$

其中包含的子集为

$\{1,2,3,4\}$, $\{1,2,3\}\{2,3,4\}$, $\{1,2\}\{2,3\}\{3,4\}$

$\{2,3,4,5\}$, $\{1,3,5\}\{3,4,5\}$, $\{1,3\}\{2,4\}\{3,5\}$

$\{1,3,4,5\}$, $\{1,4,5\}\{2,3,5\}$, $\{1,5\}\{2,5\}\{4,5\}$

$\{1,2,3,5\}$, $\{2,4,5\}$

尚欠的子集为

$\{1,2,4,5\}$, $\{1,2,4\}$, $\{1,2,5\}$, $\{1,3,4\}$, $\{1,4\}$

将上列10次数列前面添1次5，后面加两次1、3，得到13次数列

$$5,1,2,3,4,5,1,3,5,2,4,1,3$$

易见，它已把尚欠的5个子集补齐，当然满足题中要求。

综上可知，次数 n 的最小值为13。

7. 给定 $2n$ 个非负整数 $r_1, r_2, \cdots, r_n$ 和 $c_1, c_2, \cdots, c_n$，满足 $\sum_{i=1}^{n} r_i = \sum_{j=1}^{n} c_j$。在一个 $n \times n$ 方格表的每一个小方格中任意填写一个非负整数，使得表中第 i 行 n 个数之和为 r_i，且第 j 列 n 个数之和为 c_j，$i, j = 1, 2, \cdots, n$。记主对角线上的 n 个数之和为 S，求 S 的最大值和最小值。 (《奥赛经典组合》150页例2)

解 将表中第 i 行 j 列相交处方格中的数记为 x_{ij} ($i, j = 1, 2, \cdots, n$)，于是

$$r_i = \sum_{j=1}^{n} x_{ij}, \quad c_j = \sum_{i=1}^{n} x_{ij}, \quad S = \sum_{i=1}^{n} x_{ii}, \quad i, j = 1, 2, \cdots, n.$$

因为 S 的所有可能值只有有限多个，所以 S 的最大值和最小值都存在。

(1) 设有一种填数法使 S 取得最大值，考察 S 中的 n 项，即主对角线上的 n 个数。

若对于某个 x_{ii}，$1 \leq i \leq n$，第 i 行中存在另一个数 $x_{ij} > 0$ ($j \neq i$)，第 i 列中同样存在一个 $x_{ki} > 0$ ($k \neq i$)，则可以作变换：

$$x'_{ii} = x_{ii} + 1, \quad x'_{ij} = x_{ij} - 1, \quad x'_{ki} = x_{ki} - 1, \quad x'_{kj} = x_{kj} + 1 \qquad ①$$

而表中其他所有数全部不变，则所得的新数表仍然满足题中要求，但 S 值增加 1 或 2，当 $j = k$ 时增加 2，而 $j \neq k$ 时增加 1。此与 S 的最大性矛盾。因此，当 S 取最大值时，或者第 i 行中除 x_{ii} 之外全为 0，或者第 i 列中除 x_{ii} 之外全为 0。所以有

$$r_i = x_{ii} \leq \sum_{k=1}^{n} x_{ki} = c_i, \quad \text{或} \quad c_i = x_{ii} \leq \sum_{j=1}^{n} x_{ij} = r_i.$$

即有 $x_{ii} = \min\{r_i, c_i\}$，$i = 1, 2, \cdots, n$。从而有

$$S_{max} = \sum_{i=1}^{n} \min\{r_i, c_i\}.$$

即 S 的最大值如上所求。

(2) 设有一种填表法使 S 取得最小值，这时可以断言，$x_{11}, x_{22}, \cdots, x_{nn}$ 这 n 个数中至多有 1 个是正整数。

若不然，则有两个数 $x_{ii}, x_{jj} \in \mathbb{N}^*$ ($i \neq j$)，于是又可作变换
$$x'_{ii} = x_{ii}-1, \quad x'_{jj} = x_{jj}-1, \quad x'_{ij} = x_{ij}+1, \quad x'_{ji} = x_{ji}+1.$$
而表中其他数全都不变。易见，此得到的新表所对应的 S' 减小 2，此与 S 的最小性矛盾。由此在使 S 取最小值的填表法中，主对角线上的 n 个数中至多 1 个为正整数，其余的 $n-1$ 个全都为 0。

(i) 若 $x_{11}, x_{22}, \cdots, x_{nn}$ 全都为 0，则 $S = 0$。

(ii) 若有一个 $x_{ii} > 0$ 而 $x_{jj} = 0$ ($j \neq i$)，则必有 $x_{k\ell} = 0$ ($k \neq i$, $\ell \neq i$)。

若不然，设有 $x_{k\ell} > 0$ ($k \neq i$, $\ell \neq i$, $k \neq \ell$)，又可作变换
$$x'_{ii} = x_{ii}-1, \quad x'_{k\ell} = x_{k\ell}-1, \quad x'_{i\ell} = x_{i\ell}+1, \quad x'_{ki} = x_{ki}+1.$$
且使表中其他数全都不变。易见，此得到的新表所对应的 $S' = S-1$，此与 S 的最小性矛盾。

这样一来，就有
$$x_{ij} = c_j \ (j \neq i), \quad x_{ki} = r_k \ (k \neq i).$$
从而有
$$x_{ii} = r_i + c_i - \sum_{j=1}^{n} c_j = c_i + r_i - \sum_{k=1}^{n} r_k \stackrel{\triangle}{=} \alpha_i, \quad i = 1, 2, \cdots, n.$$
显然，诸 α_i 只与题中给定的 $2n$ 个非负整数有关。注意，$\alpha_1, \alpha_2, \cdots, \alpha_n$ 这 n 个数中至多 1 个为正整数。若否，则必有 $\alpha_i > 0$，$\alpha_j > 0$ ($j \neq i$)。于是
$$0 < \alpha_i = r_i - \sum_{k \neq i} c_k < r_i - c_j,$$
$$0 < \alpha_j = c_j - \sum_{k \neq i} r_k < c_j - r_i.$$

推. 即 α_i 中至多1个为正. 记 $m = \max\{\alpha_1, \alpha_2, \cdots, \alpha_n\}$, 于是当 $m > 0$ 时, $x_{ii} = m$. 即 S 的最小值为

$$S_{\min} = \begin{cases} m & \text{当 } m > 0, \\ 0 & \text{当 } m \leq 0. \end{cases}$$

拔顶柳郡 $\{1,2,4,7,11,16,17\}$ $\{1,2,3,5,8,12,17\}$
是   1,3,6,10,15,16   1,2,4,7,11,16
     2,5,9,14,15   1,3,6,10,15
     3,7,12,13   2,5,9,14
     4,9,10   3,7,12
     5,6   4,9
     1   5

8. 设 $S=\{1,2,\cdots,17\}$，求最小自然数 n，使得 S 的任何一个 n 元子集中都存在3个不同数对，两数之差（大数减小数）共3个差数相等。(1999年加拿大竞赛题改编)

解 显然，S 中两个不同元素之差最小为1，最大为16，即只有16个不同的差值。当 $n=9$ 时，$C_9^2 = 4\times 9 = 36$，子集 T 中共可组成36个差数。由抽屉原理知这些差数中必有3个相等且来自不同的数对。故所求的最小值 $n \le 9$。

另一方面，考察 S 的7元子集 $\{1,2,4,7,11,16,17\}$ $\{1,2,3,5,8,12,17\}$，易知它的21个数对产生的21个差值中，1,3,5,6,9,10,15各两个，即2,4,7,12,13,14,16各1个。任何3个差数都不全相等，不满足题中要求。故所求的最小自然数 $n \ge 8$（见左页下部）。

[双向估计法]

这样，只须再讨论 $n=8$ 时结果如何？

设 $\{a_1, a_2, \cdots, a_8\} = T \subset S$，$a_1 < a_2 < \cdots < a_8$ 且其中任何3个数对的差值都不全相等。由于 $a_1 \ge 1$，$a_8 \le 17$，故 $a_8 - a_1 \le 16$，所以

$(a_8-a_7)+(a_7-a_6)+\cdots+(a_3-a_2)+(a_2-a_1) = a_8-a_1 \le 16$. ①

分别将①式左端的7个差数记为 $d_7, d_6, \cdots, d_1$。再令

$a_3-a_1=e_1,\ a_4-a_2=e_2,\ a_5-a_3=e_3,\ a_6-a_4=e_4,\ a_7-a_5=e_5,\ a_8-a_6=e_6$.

提

$15 \ge a_8-a_2 = (a_8-a_6)+(a_6-a_4)+(a_4-a_2)$，$(a_7-a_5)+(a_5-a_3)+(a_3-a_1)=a_7-a_1 \le 15$

于是有

$49 = (1+2+3+4+5+6)\times 2 + 7 \le d_1+d_2+\cdots+d_7+e_1+e_2+\cdots+e_5+e_6$

$\le (a_8-a_1)+(a_8-a_2)+(a_7-a_1) \le 16+15+15 = 46$.

矛盾. 综上所述，所求的最小自然数 $n=8$.

十三 复杂计数问题（三）

计数问题是组合的基本问题之一，而难度和深度较高的计数问题更是考查学生的头脑是否清楚，数学功底是否深厚的试金石，所以要想在竞赛中取胜，特别是在高级别的竞赛中取胜，在计数问题上是不应卡壳的。

1 将 n^2 个互不相同的实数填入 $n\times n$ 方格表的 n^2 个方格中，每个方格中填 1 个数，然后在每列中取出最大的一个数，在每行中取出最小的一个数，共取出 $2n$ 个数（可能有重复），求恰可取出 $2n$ 个不同的数的排列方案的个数。

（《此类知识篇》403页例7）

解 使用补集法，来计数补集中元素的个数，即至多取出 $2n-1$ 个数的排列方案的个数，这种排列以下称之为"坏排列"。

注意，因为从每行每列都是只取一个数，所以表中每个数至多在所在行与所在列被各取一次，共两次，即重复一次，如果发生这种情况，则该数既为所在行的最小数而同时又为所在列的最大数，以下称之为"坏数"。

引理 每种坏排列中恰有 1 个坏数。

若不然，设 a_{ij} 与 a_{kh} 都是坏数，则 $i\neq k$，$j\neq h$，于是按定义

有

$$a_{ij}<a_{ih}<a_{kh},\quad a_{ij}>a_{kj}>a_{kh},$$

矛盾。

补集计数法
辅助命题

引理表明，每种坏排列恰对应于一个坏数，然而，每个坏数却有许多坏排列对应于它，因此，从坏排列到坏数的映射是个满映射，于是我们所以先求坏数的个数，再求所论的满映射中每个坏数所分投的计数后再用乘法原理。

首先，从 n^2 个数中任取 $2n-1$ 个数从小到大排列为：
$$\alpha_1, \alpha_2, \cdots, \alpha_{n-1}, \alpha_n, \alpha_{n+1}, \cdots, \alpha_{2n-2}, \alpha_{2n-1}.$$
然后将 α_n 填在表中任一方格中，接着将比 α_n 小的 $\alpha_1, \cdots, \alpha_{n-1}$ 这 $n-1$ 个数填在 α_n 所在列的另外 $n-1$ 个方格中；将比 α_n 大的 $\alpha_{n+1}, \cdots, \alpha_{2n-1}$ 这 $n-1$ 个数分别填入 α_n 所在行的另外 $n-1$ 个方格中，这就确保了 α_n 为坏数。不难看出，共有 $C_{n^2}^{2n-1} \cdot P_{n^2}^1 \cdot ((n-1)!)^2$ 种不同排法。

最后，再将余下的 n^2-2n+1 个数任意地填入余下的 n^2-2n+1 个方格中，当然共有 $(n^2-2n+1)!$ 种不同排法。

综上可知，坏排列的总数为 $C_{n^2}^{2n-1} \cdot n^2 \cdot ((n-1)!)^2 \cdot (n^2-2n+1)!$，从而知满足题中要求的排列的总数为
$$(n^2)! - \frac{(n^2)!}{(2n-1)!(n^2-2n+1)!}(n!)^2(n^2-2n+1)!$$
$$= (n^2)!\left[1 - \frac{(n!)^2}{(2n-1)!}\right].$$

2. 中国象棋棋盘是一块9×8的方格板，一枚棋子"马"放在棋盘左下角的结点上，这枚"马"从左下角按"马步"走到右上角，最少要走7步，问这枚马恰好经过7步从左下角走到右上角，共有多少种不同走法？

解

将棋盘的9×8方格板视为直角坐标系，左下角为原点，为了便于计我们将马步写成 $\binom{x_i}{y_i}$，于是有

$$\binom{x_1}{y_1}+\binom{x_2}{y_2}+\binom{x_3}{y_3}+\binom{x_4}{y_4}+\binom{x_5}{y_5}+\binom{x_6}{y_6}+\binom{x_7}{y_7}=\binom{8}{9} \quad ①$$

即有

$$x_1+x_2+\cdots+x_7=8, \quad y_1+y_2+\cdots+y_7=9 \quad ②$$

棋盘上的马步只有8种：

$$\binom{1}{\pm 2}, \binom{2}{\pm 1}, \binom{-1}{\pm 2}, \binom{-2}{\pm 1}.$$

| 从引入坐标系入手 |
| 分类计数原理 |
| 位置分析法 |

于是，将8写成 $x_1,\cdots,x_7$ 之和只有4种写法：

$$8=2+1+1+1+1+1+1=2+2+2+1+1+1-1$$
$$=2+2+2+2+2-1-1=2+2+2+2-2+1+1;$$

将9写成 $y_1,\cdots,y_7$ 之和只有3种写法：

$$9=2+2+1+1+1+1+1=2+2+2+2+1+1-1$$
$$=2+2+2+2+2-2+1.$$

这样，对于满足要求的票愿可分组计数如下：

(1) $\binom{2}{1}+\binom{1}{2}+\binom{1}{2}+\binom{1}{2}+\binom{1}{2}+\binom{1}{-2}+\binom{1}{2}=\binom{8}{9}$.

这时，当 $\binom{2}{1}$ 排在首位时，$\binom{1}{-2}$ 既不能排在最后，也不能排在第2位，只能在3、4、5、6位之一；当 $\binom{2}{1}$ 排在最后时，$\binom{1}{-2}$ 既不能在首位，也不能在第6位，只能在2、3、4、5位之一；当 $\binom{2}{1}$ 排在中间时，$\binom{1}{-2}$ 也是既不能在首位也不能在第7位，共有 $C_5^2 \times 2$ 种排法。

所以，这种情况共有 $4+4+20=28$ 种不同排法。

(2) $\binom{2}{1}+\binom{2}{1}+\binom{2}{-1}+\binom{1}{2}+\binom{1}{2}+\binom{1}{2}+\binom{-1}{2}=\binom{8}{9}$.

这时，$\binom{2}{1}$ 和 $\binom{-1}{2}$ 都是既不能排在首位也不能在尾位，所以二者都只能排在中间5个位置之二，共有 $C_5^2 \times 2=20$ 种排法。另5步只有两种不同且是2、3分组，共有 $C_5^2=10$ 种不同排法。

所以，这种情况共有 200 种不同排法。

(3) $\binom{2}{1}+\binom{2}{1}+\binom{2}{1}+\binom{-2}{1}+\binom{2}{1}+\binom{1}{2}+\binom{1}{2}=\binom{8}{9}$.

显然，这时 $\binom{-2}{1}$ 既不能在首位，也不能在尾位。

(i) 两个 $\binom{1}{2}$ 分别在首尾两位，于是 $\binom{-2}{1}$ 既不能在2位也不能在6位而只能在3、4、5位之一，有3种不同排法；

(ii) 两个 $\binom{2}{1}$ 分别在首尾两位，于是 $\binom{-2}{1}$ 可在2、3、4、5、6位之一，有5种不同排法，余下4个位置中，有两个位置排 $\binom{1}{2}$，共有 $C_4^2=6$ 种不同，共30种不同排法；

(iii) 首位为 $\binom{2}{1}$，尾位为 $\binom{1}{2}$，这时 $\binom{-2}{1}$ 不能在6位，有4种不同选择，余下4个位置中，另一个 $\binom{1}{2}$ 可任意放，当然也有4种不同。由乘法原理知，共有16种不同排法；

(iv) 首位为 $\binom{1}{2}$，尾位为 $\binom{2}{1}$，由对称性知此也共有16种不同排法。

所以这种情况下总共有 $3+30+16\times 2=65$ 种不同排法。

(4) $\binom{2}{1}+\binom{2}{1}+\binom{2}{1}+\binom{2}{1}+\binom{2}{1}+\binom{1}{2}+\binom{1}{2}=\binom{8}{9}$。

此时，两个 $\binom{1}{2}$ 既不能在首位也不能在尾位，所以共有 $C_5^2=10$ 种不同排法。

综上可知，满足题中要求的所有不同牌序的种数为

$28+200+65+10=303$。

3. 设 M 为坐标平面上坐标为 $(p\times1994, 7p\times1994)$ 的点，其中 p 为一个素数．求满足下列条件的直角三角形的个数：

(i) 三角形的3个顶点都是整点，而且以 M 为直角顶点；

(ii) 三角形的内心是坐标原点． （1994年中国数学奥林匹克6题）

解 连接原点 O 与点 M，并取线段 OM 的中点 $E(p\times997, 7p\times997)$，然后以这点 E 为中心作对称．于是原命题中条件的直角三角形就都变成一个以原点 O 为直角顶点，以 M 为内心的整点直角三角形，而且这个对应是个双射．这样一来，总数求对称后的这种整点直角三角形的个数就可以了． 化归法

设 △OAB 为以原点为直角顶点的整点直角三角形．记 $\angle XOM=\beta, \angle XOA=\alpha$，于是 $\alpha+\dfrac{\pi}{4}=\beta, \tan\beta=7$．从而有

$$\tan\alpha = \text{tg}\left(\beta-\dfrac{\pi}{4}\right) = \dfrac{\tan\beta - 1}{1+\tan\beta} = \dfrac{3}{4}.$$

即直线 OA 的斜率为 $\dfrac{3}{4}$，直线 OB 的斜率为 $-\dfrac{4}{3}$．由于 A 和 B 都是整点，故有 $t, t'\in N$，使得 A 和 B 的坐标分别为 $(4t, 3t), (-3t', 4t')$．设以 $OA=5t, OB=5t'$．直角 △OAB 的内切圆半径 r 为

$$r = \dfrac{\sqrt{2}}{2}OM = \dfrac{\sqrt{2}}{2}\sqrt{50}\, p\times1994 = 5p\times1994. \quad ①$$

设 $OA=2r+p', OB=2r+q'$，因为 OA、OB 和 r 都是5的倍数，所以正整数 p', q' 也都是5的倍数．由切线长定理知

$$AB = OA+OB-2r = 2r+p'+q'. \quad ②$$

再由勾股定理又有

$$0 = AB^2 - OA^2 - OB^2 = (2r+p'+q')^2 - (2r+p')^2 - (2r+q')^2$$
$$= 4r^2 + p'^2 + q'^2 + 4r(p'+q') + 2p'q' - 4r^2 - p'^2 - 4rp'$$
$$-4r^2 - q'^2 - 4rq' = 2p'q' - 4r^2. \qquad ③$$

$$\therefore 2r^2 = p'q'.$$

由于 $\dfrac{p'}{5}$ 和 $\dfrac{q'}{5}$ 都是正整数，故由①得到

$$\dfrac{p'}{5} \cdot \dfrac{q'}{5} = \dfrac{2}{25}r^2 = 2 \times p^2 \times 1994^2 = 2^3 p^2 \times 997^2. \qquad ④$$

这表明，$\dfrac{p'}{5}$ 与 $\dfrac{q'}{5}$ 的所有不同值的表对即为④式右端的质因数分解式的所有不同的分拆。于是，当 $p \neq 2$, $p \neq 997$ 时，有

$$\begin{cases} \dfrac{p'}{5} = 2^i \times 997^j \times p^k \\ \dfrac{q'}{5} = 2^{3-i} \times 997^{2-j} \times p^{2-k} \end{cases} \quad i=0,1,2,3, \; j=0,1,2, \; k=0,1,2,$$

质因数分解式

共有36组不同的解。

当 $p = 2$ 时，④式变成

$$\dfrac{p'}{5} \cdot \dfrac{q'}{5} = 2^5 \times 997^2. \qquad ④'$$

这时共有18组不同的解。

当 $p = 997$ 时，④式变成

$$\dfrac{p'}{5} \cdot \dfrac{q'}{5} = 2^3 \times 997^4. \qquad ④''$$

这时共有20组不同的解。

综上可知，所求的整边直角三角形的个数为

$$m = \begin{cases} 36, & \text{当 } p \notin \{2, 997\}; \\ 18, & \text{当 } p = 2; \\ 20, & \text{当 } p = 997. \end{cases}$$

4. 设 $4\times 4\times 4$ 的大正方体由64个单位正方体组成，选取其中的16个单位正方体染成红色，使得大正方体中每个由4个单位正方体构成的 $1\times 1\times 4$ 的小长方体中，都恰有一个红正方体。问这16个红单位正方体共有多少种不同取法？说明理由。　　（1999年中国数学奥林匹克6题）

解1 将 $4\times 4\times 4$ 的大正方体从上到下分成4层，每层的由16个单位正方体构成 $4\times 4\times 1$ 的长方体，按之知，每层中都恰有4个红正方体，既不同行也不同列。

将大正方体中16个红正方体分别投影到上底的 $4\times 4=16$ 个方格上并标上原来的层号。相当于在 4×4 方格表的每个方格中都填入1，2，3，4之一，使得1，2，3，4各有4个且既不同行也不同列。

我们来计数这样的不同填数方案的个数。

① 先填入4个1，既不同行又不同列，显然共有 $4!=24$ 种不同的填数方案。

② 再填入4个2，既不同行也不同列。对于右图所示的 4×4 表格，其中已经写好4个1既不同行也不同列。这时第1列的后3个方格可以填2，有3种方法，对于左下角为2的情形，与这个2同行的1在右下角，于是最后一列中前3个方格都可以填2，又是3种填法。不妨设填在2行4列的方格中，注意这时余下的两个2定在1，3两行与2，3两列相交的4个方格中且既不同行又不同列，只有一种填法。所以对于4个1的每种填法，4个2共有9种不同填法。而对于4个1，4个2的每一种排法，考察4个3与4个4的不同排法的种数。

1	·	·	·
·	·	1	2
·	1	·	·
2	·	·	1

1	2	3	4
2	1	4	3
3	4	1	2
4	3	2	1

1	2	4	3
2	1	3	4
4	3	1	2
3	4	2	1

1	2	3	4
2	1	4	3
4	3	1	2
3	4	2	1

1	2	4	3
2	1	3	4
3	4	1	2
4	3	2	1

可见,当1、2两行对换时,有4种不同填法,即当1、2两行不对换时,只有两种不同填法:

1	3	2	4
2	1	4	3
3	4	1	2
4	2	3	1

1	3	2	4
2	1	4	3
3	4	1	2
4	2	3	1

而对换的两行可以是(1,2)、(1,3)、(1,4),不必考察(2,3)、(2,4)和(3,4),以免重复。所以9种填法中,对换3种,不对换6种,所以满足要求的所有不同填法数为

$$24 \times (4 \times 3 + 2 \times 6) = 576.$$

解2 用(a, b, c, d)表示$(1, 2, 3, 4)$的任一排列,于是当第1列和第1行均为a, b, c, d时,共有4种不同填法:

a	b	c	d
b	a	d	c
c	d	a	b
d	c	b	a

a	b	c	d
b	a	d	c
c	d	b	a
d	c	a	b

a	b	c	d
b	c	d	a
c	d	a	b
d	a	b	c

a	b	c	d
b	a	d	c
c	d	a	b
d	c	b	a

将后3列按任意次序排列有6种不同排法,对于每种排法,将4行全排列共24种不同排法,所以满足要求的所有不同排法个数为

$$6 \times 24 \times 4 = 576.$$

解3 将 4×4 方格表中的16个方格分成4组，使每组的4个方格既不同行也不同列，用字典排列法可以写出24种不同分法：

1	4	2	3
2	3	1	4
3	2	4	1
4	1	3	2

1	4	2	3
2	3	4	1
3	2	1	4
4	1	3	2

1	4	3	2
2	3	1	4
3	2	4	1
4	1	2	3

1	4	3	2
2	3	4	1
3	2	1	4
4	1	2	3

将这4组任意安排于4合，共有24种不同排法。所以，满足题中要求的不同取法共576种。

5. 考察一个仅由数字1和2组成的100位数，允许将其中连续10位数字中的前5个与后5个互换。如果一个这样的100位数可以由另一个经若干次允许互换而得到，则称这两个100位数是令同的，问最多可以选出多少个两两至不令同的由数字1和2构成的100位数？

（《组合卷》1.12题）（1973年莫斯科数学奥林匹克）

解：因为每次操作都是将原出的连续10位数字的前5个数字后退5位而后5个数字前移5位，故在操作过程中，每一个数字所在位置数都模5不变，换句话说，当把100个数分成下列5组时：

$S_j = \{5k+j \mid k=0,1,2,\cdots,19\}$，$j=1,2,3,4,5$，

在操作过程中，每位数字所在的组不变。

下面证明，每组的20个数字可经若干次操作而按任意次序排列，同时保持另外4组数位置不变。

引理1 任何连续16位数，总可经过若干次互换而使1与6位互换，同时有11与16互换，其他数位置不动。 **辅助命题**

1, 2, 3, 4, 5, 6, 7, 8, 9, 10, 11, 12, 13, 14, 15, 16.
6, 7, 8, 9, 10, 1, 2, 3, 4, 5, 11, 12, 13, 14, 15, 16.
6, 2, 3, 4, 5, 11, 7, 8, 9, 10, 1, 12, 13, 14, 15, 16.
6, 2, 3, 4, 5, 1, 12, 13, 14, 15, 11, 7, 8, 9, 10, 16.
6, 2, 3, 4, 5, 1, 7, 8, 9, 10, 16, 12, 13, 14, 15, 11.

这表明，每组内的连续4位数，可以前两位互换同时后两个互换，而其之4组的所有数保持不动。

引理2 每组中的连续5位数中，每一个数都可以互换到任何一个

位置(当然要涉及其它数的位置变化).
   1, 2, 3, 4, 5,
   2, 1, 4, 3, 5,
   2, 4, 1, 5, 3,
   4, 2, 5, 1, 3,
   4, 5, 2, 3, 1.
可见,1可以换到任何一个位置,同理,其他数亦然.

  引理3 若组中数全少于7个,且每个数都是1或2,则可经过若干次交换,而使1排在前,所有2全排在1的后面.

  证 不妨设1的个数不多于2的个数且只考察7个数的情形.

  首先考察从左往右数的第1个1,若它在第1位,则再考察第2个1;若它不在第1位,则由引理2知可将它交换到第1位.然后再考察第2个1,同样地,可以将第2个1交换到第2位.若还有第3个1,则对后5位进行操作,又可将它交换到第3位.因至多3个1,故这时1全在前而2全在后.

  由引理3知,每组的20个数中,只要5组中1的个数分别相同,则无论排列次序如何,它们排成的100位数都是合同的.

  由以上讨论可知,可能取出的两两不合同的100位数的最多个数即为5组中1的个数组成的五数组的互不相同的组的个数.当然为21^5.这是因为每组中1的个数都是0,1,2,…,20这21个不同值之一的缘故.

6. 以各种不同的次序将 n 个黑球与 n 个白球排成一行，并计算每种这样的排列中，球的颜色改变的次数. 求证对每个 $0 < k < n$, 颜色改变次数为 $n-k$ 的排法和颜色改变次数为 $n+k$ 的排法的种数相同. (《组合卷》1·62题, 1968年匈牙利数学奥林匹克题)

证 记颜色改变次数为 $n-k$ 的所有不同排法的集合为 A, 颜色改变次数为 $n+k$ 的所有不同排法的集合为 B. 通过在集合 A 与 B 之间建立一个双射来证明 $|A|=|B|$.

(1) 对于任意 $a \in A$, 设 a 的排法如下：

○○○○●●●○○●●   ○○●●○●○●●○○○   ①

(前例是 $n=6, k=3$ 的情形之一，后例是 $n=6, k=2$ 的情形之一），一行球的颜色改变次数为 $n-k$, 故其中颜色相同的球共有 $n-k+1$ 段. 设白球有 m_1 段，黑球有 m_2 段. 当左方以白球开始时，我们有

$$\begin{cases} m_1 = \frac{1}{2}(n-k+1), \ m_2 = \frac{1}{2}(n-k+1), & \text{当 } n-k \text{ 为奇数;} \\ m_1 = \frac{1}{2}(n-k+2), \ m_2 = \frac{1}{2}(n-k), & \text{当 } n-k \text{ 为偶数.} \end{cases}$$ ②

显然，当左端从黑球开始时，上式中 m_1 与 m_2 互换.

(2) 将①中所示的排法对应于 n 个白球分成 m_1 段和 n 个黑球分成 m_2 段的一种分法：

○○○○|○○, ●●●|●●● ; ○|○○|○○, ●●|●●●●. ③

(3) 将③中所示的分法中的所有分界线去掉，并在原来没有分界线的每个空隙中都填上一条分界线. 于是得到一种新的分法：

○|○|○|○○|○, ●|●|●●|●|● ; ○|○·○|○·○, ●|●·●|●|●|●. ④

设这时 n 个白球分成了 m_1' 段, n 个黑球分成了 m_2' 段. 于是有 $m_1 + m_1'$

$= n+1$, $m_2 + m_2' = n+1$. 再由②可得

$$m_1' = m_2' = \frac{1}{2}(n+k+1),\quad \text{当 } n+k \text{ 为奇数},$$
$$m_1' = \frac{1}{2}(n+k),\ m_2' = \frac{1}{2}(n+k+2),\quad \text{当 } n+k \text{ 为偶数}. \quad ⑤$$

(4) 现在把④中的 m_1' 段白球与 m_2' 段黑球排成一行：第1段排与①中开头一段异色的球，然后黑白交替排列，便得到④所对应的一种排法：

●●●●●○○○○○○   ●●●●○○○○○○●● ⑥

显然，这样得到的一行球的颜色改变次数为 $m_1' + m_2' - 1 = n+k$. 记这种排法为 $b \in B$. 这样一来，我们就建立了一个由 A 到 B 的映射.

(5) 容易证明，这个映射是单射且是可逆映射，当然又是满射，所以这个映射是双射. 故有 $|A| = |B|$.

7. 对于 $1, 2, \cdots, 10$ 的每一个排列 $\tau = (x_1, x_2, \cdots, x_{10})$，定义
$$S(\tau) = \sum_{k=1}^{10} |2x_k - 3x_{k+1}| \qquad ①$$
并约定 $x_{11} = x_1$。试求

(i) $S(\tau)$ 的最大值和最小值；

(ii) 使 $S(\tau)$ 达到最大值的所有排列 τ 的个数；

(iii) 使 $S(\tau)$ 达到最小值的所有排列 τ 的个数。

（1999年中国集训队选拔考试题）

解 (1) 将 $1, 2, \cdots, 10$ 的2倍与3倍共20个数写出如下：
$$20, 18, 16, 14, 12, 10, 8, 6, 4, 2,$$
$$30, 27, 24, 21, 18, 15, 12, 9, 6, 3, \qquad ②$$
其中较大的10个数之和与较小的10个数之和的差为 $203 - 72 = 131$。所以 $S(\tau) \leq 131$。对于排列 $\tau_0 = (1, 5, 6, 7, 2, 8, 3, 9, 4, 10)$，容易算出，$S(\tau_0) = 131$，所以 $S(\tau)$ 的最大值为 131。

另一方面，为估计 $S(\tau)$ 的最小值，应从②中的20个数中选取尽可能大的10个数作减数。显然，$30, 27, 24, 21$ 这4个数无法选入，而 3 和 2 又不能不选入。能选入的最大数为 20 和 18，而两个 18 只能选入 1 个。随后能选入的最大数为 16，这又导致 15 不能选入。依此类推，可知尽可能大的10个减数为 $20, 18, 16, 14, 12, 10, 8, 6, 3, 2$，由此可知，$S(\tau) \geq 57$。对于排列 $\tau_1 = (10, 9, 8, 7, 6, 5, 4, 3, 2, 1)$，不难算出 $S(\tau_1) = 57$，所以 $S(\tau)$ 的最小值为 57。

(2) 将 $2x_k$ 与 $3x_{k+1}$ 中的较小的一个数称为小数，另一个数称为大数。由于 $1, 2, 3, 4$ 所产生的8个数都要作小数，而 $10, 9, 8, 7$ 均产

上而8个数都要做大数，所以在使$S(c)$取最大值的排列中，1、2、3、4互不相邻，10、9、8、7也互不相邻。5和6则既不能排在7、8、9、10之一的后面，又不能排在1、2、3、4之一的前面。

设$x_1 = 1$，参照下面的符号排列：

1，△，○，□，△，○，□，△，○，□，△，○。

其中2、3、4任意填入3个□中，有6种不同填法；7、8、9、10任意填入4个圆圈中，共有24种不同填法；5填入4个△之一中，有4种不同填法；6填入4个△之一中，且当与5在同一个△中时，既可在5之前，又可在5之后，共有5种不同填法。由乘法原理知，当$x_1=1$时，使$S(c)$取最大值的所有不同排列的个数为

$$6 \times 24 \times 4 \times 5 = 2880.$$

从而由1在10个位置的轮换性知，使$S(c)$取最大值的所有不同排列的个数为28800。

(3) 在(1)的讨论中已知为使$S(c)$取最小值，10个大数应为30、27、24、21、18、15、12、9、6、4。容易看出，为使4为大数，2应排在1前且二者相邻。为使6为大数，3应排在2前且二者相邻。为使9为大数，4应排在3前。为使12为大数，4之前只能为5或6。所以最小排列中，仍有连续5项为5、4、3、2、1或6、4、3、2、1，这里的最小排列为使$S(c)$取最小值的排列的简称。

设$x_1 = 10$，并考察含有连续5项为5、4、3、2、1的最小排列。为使15和18为大数，5或6不能紧随在10之后，即x_2只能为7、8、9之一。除去这一个数之外，6、7、8、9中的另3个数在x_2之后可任意排列，每种情形

下各有6种不同排法，共18种。这时5、4、3、2、1这连续5次可在6之后也可排在7之后，于是这种情形下共有36种不同排列。

再考察含有连续5次为6、4、3、2、1的最小排列。$x_1=10$，余下的4个数为5、7、8、9，它们共有24种不同排列。但由于5不能紧随10之后，故5开头的6种排列不满足要求。此外，5在9之后或5在8之后各6种排列中，只能将6、4、3、2、1这连续5次排在5之前而将不能相邻的9与5或8与5隔开，共得12种排列。在余下的6种排列中，都是5在7之后且二者相邻，这时6、4、3、2、1连续5次可以排在9、8、7、5这4个数的任何一数之后，共得24种不同排列。总结起来，含6、4、3、2、1这5次的最小排列共36种。

综上可知，$x_1=10$的最小排列共72种。再由轮换性知，使$S(c)$取最小值的所有不同排列共720种。

8. 设 $A=\{1,2,\cdots,10\}$，A 到 A 的映射 f 满足下列两个条件：

(i) 对任意 $x\in A$，$f_{30}(x)=x$；

(ii) 对每个 $k\in \mathbb{N}$，$1\le k\le 29$，都至少存在一个 $a\in A$，使得 $f_k(a)\neq a$。

求所有这样的映射 f 的个数（这里约定 $f_1(x)=f(x)$，$f_{k+1}(x)=f(f_k(x))$，$k=1,2,\cdots$）。(《奥赛经典(组合)》1992年日本数学奥林匹克)

解 (注意，条件(i)和(ii)要求的 $f(x)$ 在映射 f 的复合运算之下，是以 30 为周期的。

(1) 首先证明 f 为双射。因为对于任意的 $x,y\in A$，$x\neq y$，若有 $f(x)=f(y)$，则有 $x=f_{30}(x)=f_{30}(y)=y$，矛盾，所以 $f(x)$ 为单射。另一方面，对任意 $y\in A$，令 $f_{29}(y)=x\in A$，则 $y=f_{30}(y)=f(f_{29}(y))=f(x)$，所以 f 为满射。从而 f 为双射。

(2) 可以证明，A 中只存在 f 的映射圈而不存在映射链。即对 $a_i\in A$，都存在 $k_i\in \mathbb{N}^*$，使得 $f_{k_i}(a_i)=a_i$，而 $f_s(a_i)\neq a_i$ ($s\in \mathbb{N}^*$，$1\le s\le k_i-1$)。

事实上，对任意 $a_i\in A$，都有 $f(a_i)=a_i$（即 a_i 为 f 的不动点，对应于 $k_i=1$）或 $f(a_i)=a_{i_1}\neq a_i$。在后一种情况下，不可能有 $f_2(a_i)=f(a_{i_1})=a_{i_1}$，否则 $f(a_{i_1})=a_{i_1}=f(a_i)$ 且 $a_{i_1}\neq a_i$，此与 f 为单射矛盾。故或有 $f_2(a_i)=f(a_{i_1})=a_i$（这时 $k_i=2$）或 $f_2(a_i)=a_{i_2}\neq a_i$ 和 a_{i_1}。若 $f_2(a_i)=a_{i_2}$，则同理知不可能有 $f_3(a_i)=f(a_{i_2})=a_{i_1}$ 或 a_{i_2}，而只能是 $f_3(a_i)=a_i$（这时 $k_i=3$）或 $f_3(a_i)=a_{i_3}\neq a_i$、a_{i_1} 和 a_{i_2}。依此类推。因为 A 为有限集，所以 f 经若干次复合之后，必有 $k_i\in \mathbb{N}^*$，使 $f_{k_i}(a_i)=a_i$ 而且 $f_s(a_i)\neq a_i$ ($s\in \mathbb{N}^*$，$1\le s\le k_i-1$)。即对任意 $a_i\in A$，都存在含 k_i 个

不同元素的映射圈：
$$a_i \xrightarrow{f} a_{i_1} \xrightarrow{f} a_{i_2} \xrightarrow{f} \cdots \xrightarrow{f} a_{i_{k_i-1}} \xrightarrow{f} a_{i_{k_i}} = a_i.$$

(3) 进一步可以证明，每个映射圈所含元素的个数 k_i 都整除 30. 事实上，设 $30 = q_i k_i + r_i$，$q_i, r_i \in \mathbb{N}$ 且 $r_i < k_i$. 若 $r_i \neq 0$，则有
$$a_i = f_{30}(a_i) = f_{r_i}(f_{q_i k_i}(a_i)) = f_{r_i}(a_i),$$
此与 k_i 定义矛盾. 所以必有 $r_i = 0$，即 $k_i \mid 30$.

(4) 上述论证表明，A 中每个元素都在于一某个映射圈上且每个映射圈上所含元素的个数都是 30 的约数. 故它们的最小公倍数 m 也是 30 的约数.

若 $m < 30$，则对任意 $a \in A$，均有 $f_m(a) = a$，此与条件 (ii) 相悖. 所以 $m = 30$ 且各映射圈上所含元素个数之和等于 10. 因为
$$[5, 3, 2] = 30, \quad 5 + 3 + 2 = 10,$$
故对题中所论必至少符合 3 个映射圈，个数分别为 2, 3, 5. 从而这样的映射 f 的个数为 $C_{10}^5 \cdot (5-1)! \cdot C_5^3 (3-1)! \cdot C_2^2 (2-1)! = 48 C_{10}^5 C_5^3 = 120960$. 计算过程是先从 A 中的 10 个数中任取 5 个，排在一个圆周上，按顺时针方向定义 f 使每个数都对应下一个，便使这 5 个数构成于一个映射圈. 构成个数是从取 5 的组合数乘以 5 个数围圈排列的个数，另两组类似.

注 (2) 中映射圈的论证可以改用抽屉原理，因 $|A| = 10$，故可考察
$$a_i, f_1(a_i), f_2(a_i), \cdots, f_{10}(a_i).$$
由抽屉原理知这 11 个数中必有两个相同. 再由单射性知后 10 个中必有一个为 a_i. $k_i = \min\{j \mid f_j(a_i) = a_i, j = 2, 3, \cdots, 10\}$

9. 给定一个 2008×2008 的棋盘，棋盘上每个小方格中填入 C、G、M、O 这4个字母之一，若棋盘中每一个 2×2 的小正方形中都是 C、G、M、O 这4个字母各一个，则称这个棋盘为"和谐棋盘"。问共能填出多少种不同的和谐棋盘？ (2008年女子数学奥林匹克)

解 先证如下的引理。

引理 在每个和谐棋盘中，至少有下列两条之一成立：

(i) 每一行都是某两个字母交替出现；

(ii) 每一列都是某两个字母交替出现。

引理之证 设有某一行不是交替的，则这一行必有3个相邻方格填有互不相同的字母，不妨设这3个字母为 C、G、M (如图)。由于棋盘的填数状态是和谐的，故2和7号两个格中只能填 O，进而 1 和 6 两格中只能填 M 而 3、8 两格只能填 C。易知，13、14、15 这3个方格中只能依次填 C、G、M，从而导致 1、2、3 这3列都是交替的且第3列为 C、M 交替出现，第4列是 G、O 交替出现，但 G 与 O 可以互换，即每一列都是两个字母交替出现。引理成立。

1	2	3	4	5
C	G	M	11	12
6	7	8	9	10
13	14	15	16	17

回到原题的计数。先计每列都交替的和谐棋盘填数法的个数。

为叙述方便起见，将 2008 列方格从左至右依次编号为 1、2、…、2008。如果第1列的两个字母是 C 和 G，则第2列的两个字母须为 M 和 O 且易看出奇数号列的两个字母都是 C 和 G 而偶数号列都是 M 和 O。每

列的第1个字田可以是该列两个字田中的任何一个。

容易验证这样的任何一种填写法都可以得到和谐棋盘。第1列两个字田有 $C_4^2=6$ 种选法，每列有两种不同填法，共有 6×2^{2008} 种不同填法。同理，使得每行都是交替的不同填法也有 6×2^{2008} 种。加在一起共有 12×2^{2008} 种不同填法。但由容斥原理知，行和列都交替的填法在这里被计两次，而这种填法共有 $4!=24$ 种。除此之外，由于棋盘上四个小格都涂有不同颜色，保证了其它的 $12\times 2^{2008}-24$ 种填法都是互不相同的。

综上可知，所求的可以填出的不同的和谐棋盘种数为 $12\times 2^{2008}-24$。

※10. 在右面的数表中，共有13个正整数，记其构成的集合为 $S=\{1,2,\cdots,13\}$。现将 S 分成两个不交的子集 A 和 B，使得数表中每行的4个数中，既有属于 A 的数也有属于 B 的数。问满足上述要求的不同分法共有多少种（将 A、B 互换后的分法与原分法视为同一种）？

1	2	5	7
2	3	6	8
3	4	7	9
4	5	8	10
5	6	9	11
6	7	10	12
7	8	11	13
8	9	12	1
9	10	13	2
10	11	1	3
11	12	2	4
12	13	3	5
13	1	4	6

解 容易看出，右面的数表具有下列性质：

(i) S 中的每个数恰出现在4个方格中（互不同行）；

(ii) S 中的每个数对恰在表中某一行出现1次；

(iii) 表中每两行的各4个数中，恰有1个数相同。

对于每种分法 (A,B)，不妨设 $|A|<|B|$，于是有 $|A|\leq 6$。

引理：对于满足题中要求的每种分法 (A,B)，均有

(i) $|A|=6$ 是存在满足要求的分法的必要条件；

(ii) A 中的6个数中，恰有3个数同在某一行中。

证 (i) 若 $|A|\leq 5$，不妨设 $|A|=5$，于是由数表性质的(i)和(ii)知 A 中5个元素在表中共出现20次且10个数对恰各出现1次。

若每行至多含 A 中两个数，则10个数对分属不同的10行，已够20次的总数。另3个不可能有 A 中数，不满足要求。故必少有一行含有 A 中的3个数。

若表中恰有一行含 A 中3个数，则可构成 A 中3个数对，另7个数对各占一行，共14个数，共占8行17个数。另3个 A 中数最多占3行，共11行。另两行中没有 A 中数不满足要求。

若表中有两行各有 A 中 3 个数，则共 6 个数和 6 个数对，还有另外 4 个数时各占 1 行，共 4 行 8 数。A 中 5 数共出现 20 次，还可出现 6 次佔 6 行，还余下一行没有 A 中的数不满足要求。

若表中有 3 行各有 A 中 3 个数。由于其中前两行所含 3 个数中至多 1 个数相同且 A 中共 5 数，故两个 3 数组中有 1 个相同且另 4 数互不相同，佔满 3 A 中 5 个数。于是由抽屉原理知第 3 个 3 数组必与前两组之一有两数相同，则满足题中要求。

所以必有 $|A|=6$。

由于 $|A|=6$，A 中 6 个数共可组成 $C_6^2=15$ 个数对分属于表中 13 行，由抽屉原理知有两个数对属于同一行，这导致此行中有 A 的 3 个数，引出矛盾。

将表中每行的 4 个数视为 S 的一个四元子集，分别记为 $M_1, M_2, \cdots, M_{13}$。注意，将表中各行交换次序不影响分拆 (A,B) 满足要求与否。

2. 好设 $M_1=\{a_1, a_2, a_3, a_4\}$，$a_1, a_2, a_3 \in A$。由表的性质 (i) 知 a_1, a_2, a_3 必要在表中各出现 3 次共 9 次佔 9 行，分别为 $M_2, M_3, \cdots, M_{10}$。不含 a_1, a_2, a_3 中任何一个的另 3 行为 M_{11}, M_{12}, M_{13}。由数表性质 (iii) 知 $a_4 \in M_i$，$i=11,12,13$。这时从 13 行中选一行，从一行的 4 个数中选 3 数，共有 13×4 种不同选法。

注意，这时有

$\{a_1, a_2, a_3\} \cap A \cap M_i = \varnothing$，$i=11,12,13$。

故为弥补这个缺欠，A 中另 3 个数应取 $M_i - \{a_4\}$ 中各 1 个数，共有 $3^3=27$ 种不同取法。但所取的 3 数不应与 $M_2, M_3, \cdots, M_{10}$ 中除 a_1, a_2, a_3 之

外这3数组相同，即有9种取法不满足要求，还剩18种合乎要求，选出的3个数应在 $M_2, M_3, \ldots, M_9$ 中各出现3次，作为表的行出现两次，加上原来有的 a_1, a_2, a_3 之一，导致含A中3行之表，于是A中共有4个三数组在表中同一行，所以在上述计数中，每种情况恰被计数4次，故得满足题中要求的不同分法的个数应为

$$13 \times 4 \times 18 \div 4 = 13 \times 18 = 234.$$

注　对于方列22的两个表，因排列问题，同样的方法和同样的结果都成立。

1	2	3	4
1	5	6	7
1	8	9	10
1	11	12	13
2	5	8	11
2	6	9	12
2	7	10	13
3	5	9	13
3	6	10	11
3	7	8	12
4	5	10	12
4	6	8	13
4	7	9	11

1	2	3	10
4	5	6	10
7	8	9	10
1	4	7	11
2	5	8	11
3	6	9	11
1	5	9	12
2	6	7	12
3	4	8	12
1	6	8	13
2	4	9	13
3	5	7	13
10	11	12	13

*11 设 $S=\{1,2,\cdots,11\}$,并用 S 中的数填入右表
所示的 11×5 方格表中,将右表中 11 行的各 5 个数组成
的 11 个五元集依次记为 $M_1,M_2,\cdots,M_{11}$。现将 S 中的
11 个数分成两个子集 A 和 B,$A\cup B=S$,$A\cap B=\Phi$,满
足

$A\cap M_i\neq\Phi$,$B\cap M_i\neq\Phi$,$i=1,2,\cdots,11$.
问满足上述要求的 S 的不同分法共有多少种?
说明理由?

1	2	3	5	8
2	3	4	6	9
3	4	5	7	10
4	5	6	8	11
5	6	7	9	1
6	7	8	10	2
7	8	9	11	3
8	9	10	1	4
9	10	11	2	5
10	11	1	3	6
11	1	2	4	7

解 对于 S 的满足要求的任一分划 $\{A,B\}$,
不妨设 $|A|<|B|$,于是有 $|A|\leq 5$.

引理 1 对于 11×5 数表与 $M_1,M_2,\cdots,M_{11}$,有

(i) S 中的每个数都在表中出现 5 次;

(ii) $|M_i\cap M_j|=2$,$1\leq i<j\leq 11$;

(iii) S 中的每个数时,都恰属于 11 个子集 $\{M_1,M_2,\cdots,M_{11}\}$ 中的两个.

引理 2 若 $\{A,B\}$ 是 S 的满足要求的分划,则必有 $4\leq|A|\leq 5$.

证 若 $|A|\leq 3$,不妨设 $|A|=3$,$A=\{a,b,c\}$.

(1) 若存在 i ($1\leq i\leq 11$),使 $\{a,b,c\}\subset M_i$,则另外的 $\{a,b\}$,
$\{b,c\}$,$\{c,a\}$ 分属于另外的 3 个 M_j,M_k,M_ℓ,除此之外,还有 a,b,c 各
2 个,共 6 个,又分属于另外的 6 个五元子集。于是共有 10 个 M_i 含 a,b,c 中
的 1 个,而除这 10 个之外的最后一个 M_k 不含 a,b,c 中任何一个,当然不
满足题中要求.

(2) 设 $\{a,b,c\}$ 不同时属于任何一个 M_i,于是由引理 1 知,数对

$\{a,b\}$、$\{b,c\}$和$\{c,a\}$会属于两个五元子集，共分别属于6个子集。此外，还有a,b,c各一个，分属于3个子集。这样一来，11个五元子集中共有9个中至少含a,b,c之一，而另两个子集与$\{a,b,c\}$不交。所以，这种三元集A也不满足题中要求。从而仅有$4 \leq |A| \leq 5$，引理证毕。

回到原题的解。我们分两种情形来计数。

(3) 设$|A|=4$，$A=\{a,b,c,d\}$。这时，由引理1知，A中的4个元素可以组成6个数对，每个数对要在11个五元子集中出现两次，共12个数对。但五元子集只有11个不同，由抽屉原理知至少有两个数对出现在同一个子集M_{i_0} ($1 \leq i_0 \leq 11$)中，也表明$|A \cap M_{i_0}| \geq 3$，进而有$3 \leq |A \cap M_{i_0}| \leq 4$。

$1°$ 不妨设$i_0=1$，$A \subset M_1$。由引理1知A中的6个不同数对应分属于后10个M_i中的6个，这7个五元子集中，a,b,c,d各出现4次，由引理1之(i)知，a,b,c,d又应分别出现在另4个五元子集中。这样我们有
$$A \cap M_i \neq \varnothing，i=1,2,\cdots,11；$$
由于$|A|=4$，$|M_i|=5$，所以又有
$$B \cap M_i \neq \varnothing，i=1,2,\cdots,11。$$

显然，这样的分划$\{A,B\}$的个数为$C_{11}^1 C_5^4 = 11 \times 5 = 55$。

$2°$ 设$|A \cap M_1|=3$，于是可设$A=\{2,3,8,x\}$，其中$x \notin M_1$。这时，$M_1,M_2,M_3,M_4,M_6,M_7,M_8,M_9,M_{10},M_{11}$都至少含2,3,8之一。于是$x$作为$M_5$中异于5,1的另3个数6,7,9之一，共3种取法。即$A_1=\{2,3,6,8\}$，$A_2=\{2,3,7,8\}$，$A_3=\{2,3,8,9\}$。另一方面，除$\{2,3,8\} \subset M_1$之外，还有
$\{2,3,6\} \subset M_2$，$\{2,6,8\} \subset M_6$，$\{3,6,8\}$不在任一M_i中；
$\{3,7,8\} \subset M_7$，$\{2,7,8\} \subset M_8$，$\{2,3,7\}$不在任一M_i中；

$\{2,3,9\} \subset M_2$, $\{3,8,9\} \subset M_7$, $\{2,8,9\}$ 不在任一 M_i 中。

明义，在上述计数过程中，每个 A 被计数 3 次。故知这种情况下，所有满足要求的不同分划的个数为 $C_{11}^1 C_5^3 \times 3/3 = 110$。

(4) 设 $|A|=5$, $A=\{a,b,c,d,e\}$. 这时 A 中 5 个数共可组成 10 个不同数对，由引理但，每个数对恰出现在两个行子集中，共要出现 20 次。若每个 M_i 中都或

麻烦！

组合计数

1) 某次聚会共出席 $12k$ 个人，其中每个人都恰好同其余 $3k+6$ 个人相互问候过，对于任何两个人都相互问候过的人数都是相同的，问共有多少人出席这次聚会？（1995年IMO候选题）

解 设对于任何两人，与这二人都互相问候过的所有人的个数都是 n，按题意，n 是一个固定不变的数。

对于出席会议的任一人 a，设 B 是与 a 互相问候过的所有人构成的集合，C 是未与 a 相互问候过的所有人构成的集合。于是
$$|B|=3k+6, \quad |C|=9k-7.$$

对于任意的 $b \in B$，同 a, b 两人都互相问候过的人当然都在 B 中，因此，b 同 B 中的 n 个人互相问候过。从而，b 同 C 中的 $3k+5-n$ 个人互相问候过。对于每个 $c \in C$，同 a, c 两人都相互问候过的人也全都在 B 中。因此，c 同 B 中的 n 个人相互问候过。换序求和得到
$$(3k+6)(3k+5-n) = (9k-7)n,$$
$$9k^2+33k+30-6n-3kn = 9kn-7n,$$
$$9k^2+33k-12kn+30+n = 0. \quad ①$$

注意，①式中的所有未知数都是整数且除 n 之外的数都是 3 的倍数，故 $3 \mid n$. 设 $n = 3m$, 其中 $m \in N^*$，代入上式得
$$9k^2+33k+30-36km+3m = 0$$
$$3k^2+11k+10-12km+m = 0.$$

解得 $m = \dfrac{3k^2+11k+10}{12k-1} = \dfrac{12k^2+44k+40}{4(12k-1)} = \dfrac{1}{4}\left(\dfrac{12k^2-k+36k-3+9k+43}{12k-1}\right) = \dfrac{1}{4}\left(k+3+\dfrac{9k+43}{12k-1}\right) \quad ②$

188

注意，在②式右端括号中心分式中，当k≥15时，分式的值小于1，故m不能为整数。所以必有1≤k≤14。在这个范围内，只有k=3时，$\frac{9k+43}{12k-1} = \frac{70}{35} = 2$是整数。故当仅当12k=36人出席这次聚会是可能的。

当k=3，人数为12k=36时，我们用同余构造法来构造一个36人满足题中要求的例子：将36个人对应于0-35的自然数并写成右图的6×6数表：

1	7	13	19	25	31		0	6	12	18	24	30
2	8	14	20	26	32		1	7	13	19	25	31
3	9	15	21	27	33		2	8	14	20	26	32
4	10	16	22	28	34		3	9	15	21	27	33
5	11	17	23	29			4	10	16	22	28	34
6	12	18	24	30			5	11	17	23	29	35

将表中每个数对应于之除以6的商和余数组成的数对，得到下表：

(0,0) (1,0) (2,0) (3,0) (4,0) (5,0)
(0,1) (1,1) (2,1) (3,1) (4,1) (5,1)
(0,2) (1,2) (2,2) (3,2) (4,2) (5,2)
(0,3) (1,3) (2,3) (3,3) (4,3) (5,3)
(0,4) (1,4) (2,4) (3,4) (4,4) (5,4)
(0,5) (1,5) (2,5) (3,5) (4,5) (5,5)

再于每个数对中补上第3数，使3数之和是6的倍数：

(0,0,0) (1,0,5) (2,0,4) (3,0,3) (4,0,2) (5,0,1)
(0,1,5) (1,1,4) (2,1,3) (3,1,2) (4,1,1) (5,1,0)
(0,2,4) (1,2,3) (2,2,2) (3,2,1) (4,2,0) (5,2,5)
(0,3,3) (1,3,2) (2,3,1) (3,3,0) (4,3,5) (5,3,4)
(0,4,2) (1,4,1) (2,4,0) (3,4,5) (4,4,4) (5,4,3)
(0,5,1) (1,5,0) (2,5,5) (3,5,4) (4,5,3) (5,5,2)

将这36个三元组视为空间坐标系中的36个整点。易见，这36个整点的坐标中，两两不同点的坐标至多有1个分量相同。就说这凡是坐标中有一个分量相同的点，视对应的两人互相问候过。于是每人恰与$3 \times 5 = 15$个人互相问候过。

对于36人中的任何两人$P(p_1, p_2, p_3)$和$Q(q_1, q_2, q_3)$，如果P和Q的坐标有1个分量相同，不妨设$p_1 = q_1$，于是第1坐标为$q_1 = p_1$的另4人与P和Q互相都问候过。另外还有(x, p_2, q_3)和(x, q_2, p_3)也与P, Q都互相问候过且共有这6人。如果P和Q的3个坐标分量都不相同，则恰有$(p_1, q_2, x), (p_1, x, q_3), (x, p_2, q_3), (x, q_2, p_3), (q_1, p_2, x), (q_1, x, p_3)$共6点都与$P, Q$互相问候过。由于3个坐标之和可以被6整除且都为$[0, 5]$中的整数之一，故上面坐标中"$x$"号也代表的整数是唯一确定的。

综上可知，共有36人出席这次聚会。

十四 笨法解题

23和笨是一组对立面，而对立两部分是可以互相转化的，只是转化需要一定的条件。然而在数学竞赛中，题目多、时间短、难度大、容易紧张，这样的特殊条件常会导致23和笨的转化，所以有时应该考虑可否用"笨法"解题。如果一味追求23妙的解法而百思不得其解，浪费了宝贵的时间，那就得不偿失了。

实际上，竞赛中遇到难题时，如果在一段不短的时间内找不到妙的解题线索，而"笨法"又明显是个思路，那就不妨试之看，也许就是正确途径，有时甚至会收到"柳暗花明"的效果。

1. 五名学生A、B、C、D、E参加一次竞赛，场外某学生猜测说：竞赛的结果的顺序是A、B、C、D、E，但他既未猜对住何一名参赛者的名次，也未猜对住任何一对结果相邻的参赛者的顺序。另一名学生猜测结果的顺序是D、A、E、C、B，这一预测要准得多，他猜对了两名选手的名次，同时猜对了两对结果相邻的选手的顺序。问比赛的结果如何？
(1963年IMO 6题)

这个题的一个"好"的特性是先证如下的引理：

引理 如果5个元素的两个排列ABCDE和FGHIJ中恰有两个元素位置相同且恰有两对结果名次相邻的元素顺序相同，则位置相同的两元素依在一端，即或者A=F，B=G，或者D=I，E=J。

然后利用引理的结果顺利证出原题。但是，这个引理并不容易想到。与其徒费劳心去想（竞赛者并不知道有这个引理），不如我们即采用笨法解题。

解 以第1人的结果为参照，将明显不合的排列去掉后，将其余 所有可能的排列都写出来：

BADEC	CABED	DABEC	EABCD
BAECD	CADEB	DAEBC	EADBC
BCAED	CAEBD	DAECB	EADCB
BCDEA	CDAEB	DCAEB	ECABD
BCEAD	CDBEA	DCBEA	ECBAD
BDAEC	CDEAB	DCEAB	ECDAB
BDEAC	CDEBA	DCEBA	ECDBA
BDECA	CEABD	DEABC	EDABC
BEACD	CEBAD	DEACB	EDACB
BEDAC	CEDAB	DEBAC	EDBAC
BEDCA	CEDBA	DEBCA	EDBCA

只需下列14种排列 再去掉与第2个猜测之符合的排列 (DAECB)

0 BDAEC	(1)CAEBD	×DAECB	3 EADCB
0 BEDAC	0 CEBAD	1 DCAEB	0 ECBAD
1 BEDCA	0 CEDBA	1 DCBEA	EDACB
		(0) DCEBA	0 EDBAC

其中 0,1,3 表示位置相同元素的个数，(0),(1)表示顺序相同的对数

所以，比赛的结果只能是 EDACB。

2. 设 $S=\{1,2,\cdots,280\}$，求最小自然数 n，使得 S 的任何一个 n 元子集 T 中，都有 5 个两两互质。（1991年 IMO 3题）

解 1 将 S 中的 280 个数依次填入 14×20 的方格表中：

1	2	3	4	5	6	7	8	9	10	11	12	13	14	15	16	17	18	19	20
21	22	23	24	25	26	27	28	29	30	31	32	33	34	35	36	37	38	39	40
41	42	43	44	45	46	47	48	49	50	51	52	53	54	55	56	57	58	59	60
61	62	63	64	65	66	67	68	69	70	71	72	73	74	75	76	77	78	79	80
81	82	83	84	85	86	87	88	89	90	91	92	93	94	95	96	97	98	99	100
101	102	103	104	105	106	107	108	109	110	111	112	113	114	115	116	117	118	119	120
121	122	123	124	125	126	127	128	129	130	131	132	133	134	135	136	137	138	139	140
141	142	143	144	145	146	147	148	149	150	151	152	153	154	155	156	157	158	159	160
161	162	163	164	165	166	167	168	169	170	171	172	173	174	175	176	177	178	179	180
181	182	183	184	185	186	187	188	189	190	191	192	193	194	195	196	197	198	199	200
201	202	203	204	205	206	207	208	209	210	211	212	213	214	215	216	217	218	219	220
221	222	223	224	225	226	227	228	229	230	231	232	233	234	235	236	237	238	239	240
241	242	243	244	245	246	247	248	249	250	251	252	253	254	255	256	257	258	259	260
261	262	263	264	265	266	267	268	269	270	271	272	273	274	275	276	277	278	279	280

然后划掉没有 2、3、5、7 的倍数，共 216 个. 记这 216 个数的集合为 T_0，对 T_0 中任何 5 个数都没有两个不互质. 故所求的最小自然数 $n\geq 217$.

注意，T_0 中的 216 个数中共有 2、3、5、7 4 个质数，余下的 212 个数都是合数。而在 $S-T_0$ 中，合数的最小质因数 ≥ 11，共有

$11^2, 11\times 13, 11\times 17, 11\times 19, 11\times 23.$
$13^2, 13\times 17, 13\times 19.$

这 8 个. 所以 S 中共有 220 个合数，另外有 59 个质数加上 1. 这 60 个数

把集合记为 $M=\{S$ 中所有的质数$\}\cup\{1\}$.

下面用分类讨论来证明：当 $T\subseteq S$，$|T|=217$ 时，T 中必有 5 个数两两互质.

(1) 若 $|T\cap M|\geq 5$，则其中的 5 个数两两互质.

(2) 若 $|T\cap M|=4$，则可将不在 T 中的质数从小到大排成：

$$p_1, p_2, p_3, p_4, p_5, p_6, \cdots \quad ①$$

由 T 中至多 4 个质数，所以 $p_1\leq 11$，$p_2\leq 13$，$p_3\leq 17$，$p_4\leq 19$，$p_5\leq 23$. 从而

$$p_1^2, p_1p_2, p_1p_3, p_1p_4, p_1p_5, p_2^2, p_2p_3, p_2p_4 \quad ②$$

这 8 个合数均不超过 280，都在 S 中. 因为 $|T\cap M|=4$，所以 S 中的 220 个合数中至多 7 个不在 T 中，从而 ② 中的 8 个合数至少 1 个在 T 中. 将这 1 个合数加上 $T\cap M$ 中的 4 个数共 5 个数一起，是两两互质.

(3) 设 $|T\cap M|=3$. 仍将不在 T 中的质数从小到大排列如 ①式. 这时 T 中至多 3 个质数，所以有 $p_1\leq 7$，$p_2\leq 11$，$p_3\leq 13$，$p_4\leq 17$，$p_5\leq 19$，$p_6\leq 23$，$p_7\leq 29$，$p_8\leq 31$，于是

$$\{p_1^2, p_2^2, p_3^2\}\ \{p_1p_7, p_2p_6, p_3p_5\}$$
$$\{p_1p_6, p_2p_5, p_3p_4\}\ \{p_1p_4, p_2p_3\} \quad ③$$

这 11 个合数都在 S 中. 因为 $|T\cap M|=3$，所以 S 中的 220 个合数至多 6 个不在 T 中. 因此 ③ 中的 11 个合数至少 5 个在 T 中. 由抽屉原理知这 5 个合数中必有两个属于 ③ 中 4 个集合之一. 这两个合数再加上 $T\cap M$ 中的 3 个数共 5 个数两两互质.

(4) $|T\cap M|=2$. 这时仍有 ①式，但 T 中多缺少 5 个合数.

这时还有 $p_1 \le 5, p_2 \le 7, p_3 \le 11, p_4 \le 13, p_5 \le 17, p_6 \le 19, p_7 \le 23,$
$p_8 \le 29, p_9 \le 31.$ 于是下列

$$\{p_1^2, p_2^2, p_3^2, p_4^2\}, \{p_1p_9, p_2p_8, p_3p_7, p_4p_6\}$$
$$\{p_1p_8, p_2p_7, p_3p_6, p_4p_5\}$$ ④

12个合数中，至少有7个在T中，所以由抽屉原理知，④中的3个集中总有一个集中的3个数同在T中。再加上T∩M中的2个元素，这5个数两两互质。

(5) $|T\cap M|=1$，这时，S中的220个合数至多4个不在T中，但这时又有 $p_1\le 3, p_2\le 5, p_3\le 7, p_4\le 11, p_5\le 13, p_6\le 17, p_7\le 19,$
$p_8\le 23, p_9\le 29, p_{10}\le 31, p_{11}\le 37.$ 于是

$$\{p_1^2, p_2^2, p_3^2, p_4^2, p_5^2\}\{p_1p_{11}, p_2p_{10}, p_3p_9, p_4p_8, p_5p_7\}$$
$$\{p_1p_{10}, p_2p_9, p_3p_8, p_4p_7, p_5p_6\}$$ ⑤

中的15个合数都属于S，但至多4个不在T中，即至少11个在T中，所以由抽屉原理知，⑤中必有一个集中的4个数同在T中。于是这4个数再加上T∩M中的1个数共5个数两两互质。

(6) $T\cap M=\emptyset$，于是S中的220合数中至多3个不在T中，这时对①有

$$\{p_1^2, p_2^2, p_3^2, p_4^2, p_5^2, p_6^2\}\{p_1p_{12}, p_2p_{11}, p_3p_{10}, p_4p_9, p_5p_8, p_6p_7\}$$
即为
$$\{2^2, 3^2, 5^2, 7^2, 11^2, 13^2\}\{2\times 37, 3\times 31, 5\times 29, 7\times 23, 11\times 19, 13\times 17\}$$ ⑥

这12个合数均在S中，且其中至少9个在T中，当然⑥中必有一个集中的5个元素同在T中，当然两两互质。

综上可知，所求的最小自然数为217.

解2 我们指出，解1中的(3)—(6)还可以放在一起来证.

(3) 设 $|T\cap M|\leq 3$. 这时，S 中的220个合数中至多6个不在T中. 考察集合

$$A=\{2^2,3^2,5^2,7^2,11^2,13^2\},$$

若 $|T\cap A|\geq 5$，则显然有5个数满足题中要求；若 $|T\cap A|=4$，则可像(2)一样地配上一个合数或5个完全平方数至质，的质数也是5个表同之至质.

以下设 $|T\cap A|\leq 3$. 于是 S 中除完全平方数之外的其它合数至多3个不在T中. 因此下列两个集合

$$\{2\times 41,\ 3\times 37,\ 5\times 31,\ 7\times 29,\ 11\times 23,\ 13\times 19\}$$
$$\{2\times 37,\ 3\times 31,\ 5\times 29,\ 7\times 23,\ 11\times 19,\ 13\times 17\}$$

的12个合数中，至少有9个在T中. 由抽屉原理知仍有两个集合之一中有5个数同在T中. 这5个数恰是两两互质.

3. 求最小自然数 n, 使当将正 n 边形的任何 5 个顶点染成红色时, 总有 S 的一条对称轴 l, 使得 5 个红点关于 l 的对称点都不是红点.
（1994 年中国集训队选拔考试 3 题）

证 正 n 边形中共有 n 条对称轴, 5 个红顶点之间可连成涂红, 共 10 条红线. 注意, 对于一条对称轴, 如果其上有一个红顶点, 或有一条红线垂直于它, 则它不满足题中要求.

将红线与红顶点统称为红元素, 共 15 个. 所以 $n=16$ 时, S 的对称轴中必有一条, 既无红顶点也无垂直于它的红线, 当此满足题中要求.

当 $n=15$ 时, 此 15 边形中心与对角线的长度只有 7 种不同, 而红线段有 10 条. 故由抽屉原理知有两条红线段长度相等. 若二者有公共端点, 则 3 个端点是一个等腰三角形的 3 个顶点, 底边的线段恰垂直于过顶点的对称轴. 若二者无公共端点, 则 4 个端点是一个等腰梯形或矩形的 4 个顶点. 于是有两条红线段平行. 从而所求的对称轴 l 必存在.

当 $n=14$ 时, 正十四边形中共有 14 条对称轴. 其中 7 条是正十四边形 7 组相对顶点所决定的 7 条直线. 另 7 条分别垂直平分正十四边形的 7 组对边. 于是正十四边形的所有边和对角线可以分成 14 组平行线, 分别垂直于 14 条对称轴. 前 7 组每组 6 条线段, 且对称轴上各有两个顶点. 后 7 组每组 7 条线段. 对称轴上没有顶点. 我们称对称轴上的顶点为该组平行线的奇点.

显然, 有否对称轴 l 满足题中要求, 关键在于证明存在一条对称轴 l, 它所对应的平行线组中既无红线段也无红奇点, 即证明 15 个红元素至多属于 13 组.

因为正十四边形中所有边和对角线的长度只有7种不同，而红线段共10条，由抽屉原理知下列两种情况之一成立：

(i) 有3条红线段长度相等；
(ii) 10条红线段中无3条等长，于是至少有3对等长线段。

(1) 设有3条等长红线段，因14不是3的倍数，故3条等长红线段不能组成封闭折线。其中必有两条无公共端点，于是以二者的4个端点为顶点的四边形或为等腰梯形或为矩形，4边中至少有一组对边平行，即这两条红线段属于同一个平行线段组。另一方面，3条等长红线段的6个端点都是红点，而不同的红点只有5个，故必有两条红线段有1个公共端点，从而这两条红线段是一个等腰三角形的两腰，这时这个等腰三角形的红底边与底边红线段属于同一个平行线段组。这表明15个红之素至多属于13个平行线段组。

(2) 设有两条等长红线段没有公共端点，则以二者的4个端点为顶点的四边形或为矩形或为等腰梯形。若为前者，则矩形的两组对边各属于一个平行线段组；若为后者，则梯形的上下底同属于一个平行线段组。但其中只有2个等长红线段对（两腰和两条对角线）。由于这时有3对等长红线段，故还有另一个等长线段对，又可导致另2个红之素属于同一个平行线段组。

若四对中的两条等长红线段都有公共端点，则类似可导出15个红之素至多属于13个平行线段组。

另一方面，当 $n \leq 13$ 时，举例说明题中所要求的对称轴具不存在。在 $n=13$ 时，我们取 A_1, A_2, A_4, A_6, A_7 为红点或 $A_1, A_5, A_7, A_8, A_{10}$

为红边都可以:

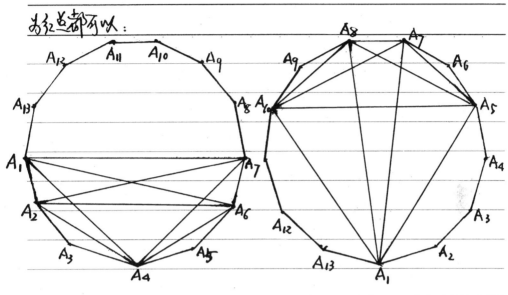

容易看出,前一个例子对 $n=12$ 也成立。其实,对于 $n\leq 11$ 也成立。从而所求的最小自然数 $n=14$。

4. 设 a, b, c 都是正实数且满足 $abc=1$，求证

$$\frac{1}{a^3(b+c)} + \frac{1}{b^3(c+a)} + \frac{1}{c^3(a+b)} \geq \frac{3}{2}. \quad ①$$

(1995年IMO之题)

证1 由于 $abc=1$，故有

$$\frac{1}{a^3(b+c)} = \frac{a^2b^2c^2}{a^3(b+c)} = \frac{b^2c^2}{ab+ac}.$$

于是不等式①等价于不等式

$$\frac{b^2c^2}{ab+ac} + \frac{c^2a^2}{bc+ba} + \frac{a^2b^2}{ca+cb} \geq \frac{3}{2}. \quad ②$$

将不等式②的左端代数式记为 K，由柯西不等式和均值不等式有

$$2(ab+bc+ca)K = [(ab+ac)+(bc+ba)+(ca+cb)] \cdot K$$

$$\geq \left(\sqrt{ab+ac} \cdot \frac{bc}{\sqrt{ab+ac}} + \sqrt{bc+ba} \cdot \frac{ca}{\sqrt{bc+ba}} + \sqrt{ca+cb} \cdot \frac{ab}{\sqrt{ca+cb}} \right)^2$$

$$= (bc+ca+ab)^2$$

$$\geq 3\sqrt[3]{(bc)(ca)(ab)} \cdot (bc+ca+ab) = 3(bc+ca+ab) \quad ③$$

在③式两端约去公因式，即得②式，从而①式成立。

证2 将不等式①去分母后展开，得到等价不等式

$$b^3c^3(c+a)(a+b) + a^3c^3(a+b)(b+c) + a^3b^3(b+c)(c+a)$$

$$\geq \frac{3}{2} a^3b^3c^3(b+c)(c+a)(a+b) = \frac{3}{2}(b+c)(c+a)(a+b)$$

$$b^3c^3(ac+bc+a^2+ab) + a^3c^3(ab+bc+ca+b^2) + a^3b^3(bc+ba+c^2+ca) \geq \frac{3}{2}(bc+ab+c^2+ac)(a+b).$$

$$2(b^4c^4+a^4c^4+a^4b^4) + 2(ab+bc+ca) + 2(b^2c^3+b^3c^2+c^2a^3 + c^3a^2+a^2b^3+a^3b^2) \geq 6+3(a^2b+ab^2+c^2a+a^2c+b^2c+c^2b) \quad ④$$

因为

$$b^4c^4+c^4a^4+a^4b^4 \geq 3\sqrt[3]{a^8b^8c^8} = 3,$$

故由③知只须再证
$$2(ab+bc+ca)+2(b^2c^3+c^2b^3+c^2a^3+a^2c^3+a^2b^3+b^2a^3)$$
$$\geq 3(a^2b+a^2c+b^2c+b^2a+c^2b+c^2a). \quad ⑤$$

由均值不等式有
$$ab+c^2a^3+c^2a^3 \geq 3\sqrt[3]{a^7c^4b} = 3a^2c,$$
$$ab+c^2b^3+c^2b^3 \geq 3b^2c,$$
$$bc+a^2b^3+a^2b^3 \geq 3b^2a,$$
$$bc+a^2c^3+a^2c^3 \geq 3c^2a,$$
$$ca+b^2c^3+b^2c^3 \geq 3c^2b,$$
$$ca+b^2a^3+b^2a^3 \geq 3a^2b.$$

将上列6式相加即得⑤. 从而原不等式①成立.

5. 平面上给定10点，其中任何5点中都有4点共圆，问有点最多的一个圆上最少有几个点？（1991年中国数学奥林匹克3题）

解 设10点中任何5点都不共圆。于是可设有两个圆 S_1 和 S_2，使得

$A, B, C, D \in S_1$，$E, F, G, H, I, J \notin S_1$；　　①

$E, F, G, H \in S_2$，$A, B, C, D, I, J \notin S_2$。　　②

(1) 考察五点组 $\{A, B, E, F, G\}$，按定义，其中必有四点共圆 S_3。若 E, F, G 都属于 S_3，则 $S_3 = S_2$，而 $A, B \notin S_2$，当然不属于 S_3，矛盾。故可设

$A, B, E, F \in S_3$，$C, D, G, H, I, J \notin S_3$。　　③

(2) 考察五点组 $\{A, B, F, G, H\}$，其中必有四点共圆 S_4。由 $F, G, H \in S_2$，$A, B, F \in S_3$，故必有

$A, B, G, H \in S_4$，$C, D, E, F, I, J \notin S_4$。　　④

(3) 考察五点组 $\{A, C, E, F, G\}$，其中必有四点共圆。由于 $E, F, G \in S_2$，$A, E, F \in S_3$，并 E 与 F 对称，故可设

$A, C, E, G \in S_5$，$B, D, F, H, I, J \notin S_5$。　　⑤

(4) 考察五点组 $\{B, C, E, G, H\}$，其中必有4点共圆 S_6。由于 $E, G, H \in S_2$，$C, E, G \in S_5$，$B, G, H \in S_4$，并 $G \notin S_6$，即有

$B, C, E, H \in S_6$，$A, D, F, G, I, J \notin S_6$。　　⑥

(5) 考察五点组 $\{A, B, C, E, I\}$，由①③⑤⑥知

(a) $A, B, E \in S_1$，$E, I \notin S_1$；

(b) $A, B, E \in S_3$，$C, I \notin S_3$；

(c) $A, C, E \in S_5$, $B, I \notin S_5$;

(d) $B, C, E \in S_6$, $A, I \notin S_6$.

可见,这5点中的任何4点都不共圆,与假设条件矛盾,所以10点中必有五点共圆.

设所给10点为 $A_1, A_2, \cdots, A_{10}$,其中 A_1, A_2, A_3, A_4, A_5 这5点共圆,而 A_9 和 A_{10} 不在此圆 S 上.

考察五点组 $\{A_1, A_2, A_3, A_9, A_{10}\}$,其中必有4点共圆 S'.因为 $A_1, A_2, A_3 \in S$,$A_9, A_{10} \notin S$,所以 $\odot S' $ 异于 $\odot S$,便可设

$A_1, A_2, A_9, A_{10} \in S'$, $A_3, A_4, A_5 \notin S'$.

考察五点组 $\{A_3, A_4, A_5, A_9, A_{10}\}$,其中必有4点共圆 S'',因为 $A_3, A_4, A_5 \in S$,$A_9, A_{10} \notin S$,故可设

$A_3, A_4, A_9, A_{10} \in S''$, $A_1, A_2, A_5 \notin S''$.

再考察五点组 $\{A_1, A_3, A_5, A_9, A_{10}\}$,其中 $A_1, A_3, A_5 \in S$,$A_9, A_{10} \notin S$;$A_1, A_9, A_{10} \in S'$,$A_3, A_5 \notin S'$;$A_3, A_9, A_{10} \in S''$,$A_1, A_5 \notin S''$.这意味着这一五点组中任何5点都不共圆,此与题设矛盾.故10点中至多一点不在 $\odot S$ 上,即至少有9点在 $\odot S$ 上.

画一个圆,在其上取定9点 $A_1, A_2, \cdots, A_9$,在直线 $A_1 A_2$ 上取非圆上一点 A_{10},则这10点满足题中要求且有9点共圆.

综上可知,有点最多的一个圆上,最少有9个点.

6. 对每个正整数 n, 定义函数

$$f(n)=\begin{cases}0, & \text{当 } n \text{ 为平方数} \\ \left[\dfrac{1}{\{\sqrt{n}\}}\right], & \text{当 } n \text{ 不是平方数}\end{cases}$$

试求 $\sum\limits_{k=1}^{240} f(k)$ 的值. (2005年全国联赛二试三题)

解 按定义, 当 $m^2 < n < (m+1)^2$ 时,

$$\{\sqrt{n}\} = \sqrt{n} - m, \quad m=1,2,\cdots,15,$$

$$\left[\dfrac{1}{\{\sqrt{n}\}}\right] = \left[\dfrac{1}{\sqrt{n}-m}\right] = \left[\dfrac{\sqrt{n}+m}{n-m^2}\right] = \left[\dfrac{2m}{n-m^2}\right],$$

其中 $n-m^2 = 1, 2, \cdots, 2m$. 于是有

$$\sum_{m=1}^{14}\sum_{k=1}^{2m}\left[\dfrac{2m}{k}\right] + \sum_{k=1}^{15}\left[\dfrac{30}{k}\right]$$

$$= \sum_{k=1}^{15}\sum_{m=\left[\frac{k+1}{2}\right]}^{15}\left[\dfrac{2m}{k}\right] + \sum_{k=16}^{30}\sum_{m=\left[\frac{k+1}{2}\right]}^{14}\left[\dfrac{2m}{k}\right]$$

$$= \sum_{k=1}^{15}\sum_{m=\left[\frac{k+1}{2}\right]}^{15}\left[\dfrac{2m}{k}\right] + 49. \qquad ①$$

对于①中右端的和数, 我们有

$$\sum_{k=1}^{15}\sum_{m=\left[\frac{k+1}{2}\right]}^{15}\left[\dfrac{2m}{k}\right] = \sum_{m=1}^{15}2m + \sum_{m=1}^{15}m + \sum_{m=2}^{15}\left[\dfrac{2m}{3}\right] + \sum_{m=2}^{15}\left[\dfrac{m}{2}\right]$$

$$+ \sum_{m=3}^{15}\left[\dfrac{2m}{5}\right] + \sum_{m=3}^{15}\left[\dfrac{m}{3}\right] + \sum_{m=4}^{15}\left[\dfrac{2m}{7}\right] + \sum_{m=4}^{15}\left[\dfrac{m}{4}\right] + \sum_{m=5}^{15}\left[\dfrac{2m}{9}\right] + \sum_{m=5}^{15}\left[\dfrac{m}{5}\right]$$

$$+ \sum_{m=6}^{15}\left[\dfrac{2m}{11}\right] + \sum_{m=6}^{15}\left[\dfrac{m}{6}\right] + \sum_{m=7}^{15}\left[\dfrac{2m}{13}\right] + \sum_{m=7}^{15}\left[\dfrac{m}{7}\right] + \sum_{m=8}^{15}\left[\dfrac{2m}{15}\right]. \quad ②$$

按定义依次计算②式右端的15个和数为

$$\sum_{m=1}^{15} 2m = 2(1+2+\cdots+15) = 240;$$

$$\sum_{m=1}^{15} m = 120;$$

$$\sum_{m=1}^{15}\left[\frac{2m}{3}\right] = 1+2+2+3+4+4+5+6+6+7+8+8+9+10 = 75;$$

$$\sum_{m=2}^{15}\left[\frac{m}{2}\right] = 1+1+2+2+3+3+4+4+5+5+6+6+7+7 = 56;$$

$$\sum_{m=3}^{15}\left[\frac{2m}{5}\right] = 1+1+2+2+2+3+3+4+4+4+5+5+6 = 42;$$

$$\sum_{m=3}^{15}\left[\frac{m}{3}\right] = 1+1+1+2+2+2+3+3+3+4+4+4+5 = 35;$$

$$\sum_{m=4}^{15}\left[\frac{2m}{7}\right] = 1+1+1+2+2+2+2+3+3+3+4+4 = 28;$$

$$\sum_{m=4}^{15}\left[\frac{m}{4}\right] = 1+1+1+1+2+2+2+2+3+3+3+3 = 24;$$

$$\sum_{m=5}^{15}\left[\frac{2m}{9}\right] = 1+1+1+1+2+2+2+2+2+3+3 = 20;$$

$$\sum_{m=5}^{15}\left[\frac{m}{5}\right] = 1+1+1+1+1+2+2+2+2+2+3 = 18;$$

$$\sum_{m=6}^{15}\left[\frac{2m}{11}\right] = 1+1+1+1+1+2+2+2+2+2 = 15;$$

$$\sum_{m=6}^{15}\left[\frac{m}{6}\right] = 1+1+1+1+1+1+2+2+2+2 = 14;$$

$$\sum_{m=7}^{15}\left[\frac{2m}{13}\right] = 1+1+1+1+1+1+2+2+2 = 12;$$

$$\sum_{m=7}^{15}\left[\frac{m}{7}\right] = 1+1+1+1+1+1+1+2+2 = 11;$$

$$\sum_{m=8}^{15}\left[\frac{2m}{15}\right] = 1+1+1+1+1+1+1+2 = 9.$$

代入②,得到

$$\sum_{k=1}^{240} f(k) = 240+120+75+56+42+35+28+24+20+18+15$$
$$+14+12+11+9+49 = 768.$$

7. 如图，在 $\triangle ABC$ 中，O 为外心，H 为垂心，直线 ED 与 AB 交于点 M，直线 FD 和 AC 交于点 N，求证：

(1) $OB \perp DF$，$OC \perp DE$；

(2) $OH \perp MN$.

(2001年全国联赛二试一题)

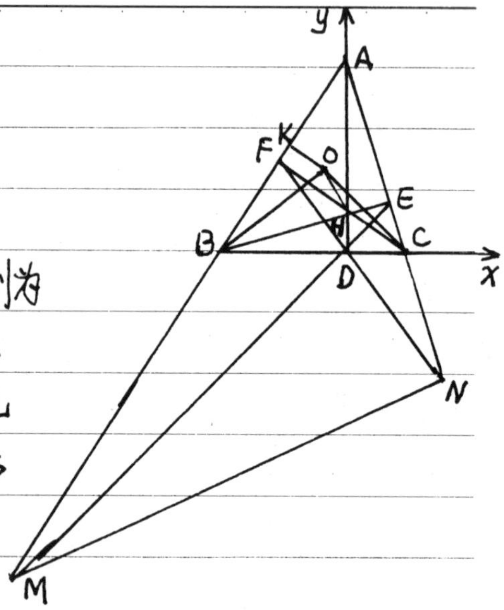

证 取以 D 为原点，BC 和 DA 分别为 x 轴和 y 轴的直角坐标系. 设 $A(0, a)$，$B(-b, 0)$，$C(c, 0)$. 于是 $x_O = \dfrac{c-b}{2}$. 记 AB 中点为 K，于是 $OK \perp AB$. K 的坐标为 $\left(-\dfrac{b}{2}, \dfrac{a}{2}\right)$. 直线 AB 的斜率为 $k_{AB} = \dfrac{a}{b}$. 所以 $k_{KO} = -\dfrac{b}{a}$. 于是直线 KO 的方程为

$$y = -\dfrac{b}{a}\left(x + \dfrac{b}{2}\right) + \dfrac{a}{2}.$$

$$y_O = -\dfrac{b}{a}\left(\dfrac{c-b}{2} + \dfrac{b}{2}\right) + \dfrac{a}{2} = \dfrac{a^2 - bc}{2a}.$$

于是有

$$O\left(\dfrac{c-b}{2}, \dfrac{a^2 - bc}{2a}\right).$$

直线 AB 和 CF 的方程分别为

$AB: y = \dfrac{a}{b}(x+b)$, $\quad CF: y = -\dfrac{b}{a}(x-c)$. ①

将①中二式联立，可得

$$-\dfrac{b}{a}(x-c) = \dfrac{a}{b}(x+b), \quad -b^2 x + b^2 c = a^2 x + a^2 b.$$

解得

$$x_F = \dfrac{b(bc - a^2)}{a^2 + b^2}, \quad y_F = \dfrac{a}{b}\left(\dfrac{b(bc-a^2)}{a^2+b^2} + b\right) = \dfrac{ab(b+c)}{a^2 + b^2}. \quad ②$$

所以有
$$k_{OB} = \frac{\frac{a^2-bc}{2a}}{\frac{c-b}{2}+b} = \frac{a^2-bc}{a(b+c)}, \quad k_{DF} = \frac{a(b+c)}{bc-a^2}.$$

$\therefore k_{OB} \cdot k_{DF} = -1$. $\therefore OB \perp DF$. 同理 $OC \perp DE$.

由①中 CF 的方程可得 $y_H = \frac{bc}{a}$, 从而有
$$k_{OH} = \frac{\frac{bc}{a}-\frac{a^2-bc}{2a}}{\frac{b-c}{2}} = \frac{3bc-a^2}{a(b-c)}, \quad b \neq c \quad ③$$

当 $b=c$ 时，$\triangle ABC$ 为等腰三角形，当然有 $OH \perp MN$, 故以下只须考察 $b \neq c$ 的情形.

直线 FDN 和 EDM 的方程分别为

$$FN: y = \frac{a(b+c)}{bc-a^2}x, \qquad EM: y = \frac{a(b+c)}{a^2-bc}x. \quad ④$$

将①中第1式与④中第2式联立, 可得
$$\frac{a}{b}(x+b) = \frac{a(b+c)}{a^2-bc}x, \quad (a^2-bc)(x+b) = b(b+c)x.$$

解得
$$x_M = \frac{b(a^2-bc)}{2bc+b^2-a^2} \quad y_M = \frac{ab(b+c)}{2bc+b^2-a^2}. \quad ⑤$$

直线 AC 的方程为
$$y = -\frac{a}{c}(x-c).$$

将它与④中 FN 的方程联立, 得到
$$-\frac{a}{c}(x-c) = \frac{a(b+c)}{bc-a^2}x, \quad (a^2-bc)(x-c) = c(b+c)x.$$

解得

$$x_N = \frac{c(bc-a^2)}{2bc+c^2-a^2}, \quad y_N = \frac{ac(b+c)}{2bc+c^2-a^2}. \qquad ⑥$$

由⑤和⑥,③得到

$$k_{MN} = \frac{\frac{ac(b+c)}{2bc+c^2-a^2} - \frac{ab(b+c)}{2bc+b^2-a^2}}{\frac{c(bc-a^2)}{2bc+c^2-a^2} - \frac{b(a^2-bc)}{2bc+b^2-a^2}}$$

$$= \frac{a(b+c)}{bc-a^2} \cdot \frac{2bc^2+b^2c-a^2c-2b^2c-bc^2+a^2b}{2bc^2+b^2c-a^2c+2b^2c+bc^2-a^2b}$$

$$= \frac{a(b+c)}{bc-a^2} \cdot \frac{bc^2-b^2c-a^2c+a^2b}{3bc^2+3b^2c-a^2c-a^2b}$$

$$= \frac{a(b+c)(bc-a^2)(c-b)}{(bc-a^2)(3bc-a^2)(b+c)} = \frac{a(c-b)}{3bc-a^2} = -\frac{1}{k_{OH}}.$$

∴ OH ⊥ MN.

◎ 编辑手记

对外经济贸易大学副校长、国际商学院院长张新民曾说："人力资源分三个层次：人物，人才，人手."一个单位的主要社会声望、学术水准一定是有一些旗杆式的人物来作代表.

数学奥林匹克在中国是"显学"，有数以万计的教练员，但这里面绝大多数是人手和人才级别的，能称得上人物的寥寥无几.本书作者南开大学数学教授李成章先生算是一位.

有些人貌似牛×，但了解了之后发现实际上就是个傻×，有些人今天牛×，但没过多久，报纸上或中纪委网站上就会公布其也是个傻×.于是人们感叹，今日之中国还有没有一以贯之的人物，即看似不太牛×，但一了解还真挺牛×，以前就挺牛×，过了多少年之后还挺牛×，这样的人哪里多呢？余以为：数学圈里居多.上了点年纪的，细细琢磨，都挺牛×.在外行人看来挺平凡的老头，当年都是厉害的角色，正如本书作者——李成章先生.20世纪80年代，中国数学奥林匹克刚刚兴起之时，一批学有专长、治学严谨的中年数学工作者积极参与培训工作，使得中国奥数军团在国际上异军突起，成绩卓著.南方有常庚哲、单墫、杜锡录、苏淳、李尚志等，北方则首推李成章教授.当时还有一位齐东旭教授，后来齐教授退出了奥赛圈，而李成章教授则一直坚持至今，教奥数的教龄可能已长达30余年.屠呦呦教授在获拉斯克奖之前并不被多少中国人知晓，获了此奖后也只有少部分人关注，直到获诺贝尔奖后才被大多数中国人知晓，在之前长达40年无人知晓.李成章教授也是如此，尽管他不是三无教授，他有博士学位，但那又如何呢？一个不善钻营，老老实实做人，踏踏实实做事的知识分子的命运如果不出什么意外，大致也就是如此了.但圈内人会记得，会在恰当的时候向其表示致敬.

本书尽管不那么系统，不那么体例得当，但它是绝对的原汁原味，纯手工制作，许多题目都是作者自己原创的，而且在组合分析领域绝对是国内一流．学过竞赛的人都知道，组合问题既不好学也不好教，原因是它没有统一的方法，几乎是一题一样，完全凭借巧思，而且国内著作大多东抄西抄，没真东西，但本书恰好弥补了这一缺失．

李教授是吉林人，东北口音浓重，自幼学习成绩优异，以高分考入吉林大学数学系，后在王柔怀校长门下攻读偏微分方程博士学位，深得王先生喜爱．在《数学文化》杂志中曾刊登过王先生之子写的一个长篇回忆文章，其中就专门提到了李教授在偏微分方程方面的突出贡献．李教授为人耿直，坚持真理不苟同，颇有求真务实之精神．曾有人在报刊上这样形容：科普鹰派它是一个独特的品种，幼儿园老师问"树上有十只鸟，用枪打死一只，树上还有几只鸟？"大概答"九只"的，长大后成了科普鹰派；答"没有"的，长大后仍是普通人．科普鹰派相信一切社会问题都可以还原为科学问题，普通人则相信"不那么科学"的常识．

李教授习惯于用数学的眼光看待一切事物，个性鲜明．为了说明其在中国数学奥林匹克事业中的地位，举个例子：在20世纪八九十年代中国数学奥林匹克国家集训队上，队员们亲切地称其为"李军长"．看过电影《南征北战》的人都知道，里面最经典的人物莫过于"张军长"和"李军长"，"张军长"的原型是抗日名将张灵甫，学生们将这一称号送给了北大教授张筑生，他是"文革"后北大的第一位数学博士，师从著名数学家廖山涛先生，热心数学奥林匹克事业，后英年早逝．张筑生教授与李成章教授是那时中国队的主力教练，为中国数学奥林匹克走向世界立下了汗马功劳，也得到了一堆的奖状与证书．至于一个成熟的偏微分方程专家为什么转而从事数学奥林匹克这样一个略显初等的工作，这恐怕是与当时的社会环境有关，有一个例子：1980年末，中科院冶金研究所博士黄佶到上海推销一款名为"胜天"的游戏机，同时为了苦练攻关技巧，把手指头也磨破了．1990年，他将积累的一拳头高的手稿写成中国内地第一本攻略书——《电子游戏入门》．

这立即成为畅销书．半年后，福州老师傅瓒也加入此列，出版了《电视游戏一点通》，结果一年内再版五次，总印量超过23万册，这在很大程度上要归功于他开创性地披露游戏秘籍．

一时间，几乎全中国的孩子都在疯狂念着口诀按手柄，最著名的莫过于"上上下下左右左右BA"，如果足够连贯地完成，游戏者就可以在魂斗罗开局时获得三十条命．

攻略书为傅瓒带来一万多元的版税收入，而当时作家梁晓声捻断须眉出一本小说也就得5 000元左右．所以对于当时清贫的数学工作者来说，教数学竞赛是一个脱贫的机会．《连线》杂志创始主编、《失控》作者凯文·凯利（Kevin Kelly）相信：机遇优于效率——埋头苦干一生不及抓住机遇一次．

李教授十分敬业，俗称干一行爱一行．笔者曾到过李教授的书房，以笔者的视角看李教授远不是博览群书型，其藏书量在数学界当然比不上上海的叶中豪，就是与笔者相比也仅为笔者的几十分之一,但是它专.2011年4月,中国人民大学政治系主任、知名学者张鸣教授在《文史博览》杂志上发表题为"学界的技术主义的泥潭"的文章,其中一段如下:"画地为牢的最突出的表现,就是教授们不看书.出版界经常统计社会大众的阅读量,越统计越泄气,无疑,社会大众的阅读量是逐年下降的,跟美国、日本这样的发达国家,距离越拉越大.其实,中国的教授,阅读量也不大.我们很多著名院校的理工科教授,家里几乎没有什么藏书,顶多有几本工具书,一些专业杂志.有位父母都是著名工科教授的学生告诉我,在家里,他买书是要挨骂的.社会科学的教授也许会有几本书,但多半跟自己的专业有关.文史哲的教授藏书比较多一点,但很多人真正看的,也就是自己的专业书籍,小范围的专业书籍.众教授的读书经历,就是专业训练的过程,从教科书到专业杂志,舍此而外,就意味着不务正业."

李教授的藏书有两类.一类是关于偏微分方程方面的,多是英文专著,是其在读博士期间用科研经费买的早期影印版(没买版权的),其中有盖尔方特的《广义函数》(4卷本)等名著,第二类就是各种数学奥林匹克参考书,收集的十分齐全,排列整整齐齐.如果从理想中知识分子应具有的博雅角度审视李教授,似乎他还有些不完美.但是要从"专业至上","技术救国"的角度看,李教授堪称完美,从这九大本一丝不苟的讲义(李教授家里这样的笔记还有好多本,本次先挑了这九本当作第一辑,所以在阅读时可能会有跳跃感,待全部出版后,定会像拼图完成一样有一个整体面貌)可见这是一个标准的技术型专家,是俄式人才培养理念的硕果.

不幸的是,在笔者与之洽谈出版事宜期间李教授患了脑瘤.之前李教授就得过中风等老年病,此次患病打击很重,手术后靠记扑克牌恢复记忆.但李教授每次与笔者谈的不是对生的渴望与对死亡的恐惧,而是谈奥数往事,谈命题思路,谈解题心得,可想其对奥数的痴迷与热爱.怎样形容他与奥数之间的这种不解之缘呢?突然记起了胡适的一首小诗,想了想,将它添在了本文的末尾.

醉过才知酒浓,
爱过才知情重,
你不能做我的诗,
正如我不能做你的梦.

刘培杰
2016年1月1日
于哈工大

哈尔滨工业大学出版社刘培杰数学工作室
已出版(即将出版)图书目录

书 名	出版时间	定 价	编号
新编中学数学解题方法全书(高中版)上卷	2007—09	38.00	7
新编中学数学解题方法全书(高中版)中卷	2007—09	48.00	8
新编中学数学解题方法全书(高中版)下卷(一)	2007—09	42.00	17
新编中学数学解题方法全书(高中版)下卷(二)	2007—09	38.00	18
新编中学数学解题方法全书(高中版)下卷(三)	2010—06	58.00	73
新编中学数学解题方法全书(初中版)上卷	2008—01	28.00	29
新编中学数学解题方法全书(初中版)中卷	2010—07	38.00	75
新编中学数学解题方法全书(高考复习卷)	2010—01	48.00	67
新编中学数学解题方法全书(高考真题卷)	2010—01	38.00	62
新编中学数学解题方法全书(高考精华卷)	2011—03	68.00	118
新编平面解析几何解题方法全书(专题讲座卷)	2010—01	18.00	61
新编中学数学解题方法全书(自主招生卷)	2013—08	88.00	261

书 名	出版时间	定 价	编号
数学眼光透视	2008—01	38.00	24
数学思想领悟	2008—01	38.00	25
数学应用展观	2008—01	38.00	26
数学建模导引	2008—01	28.00	23
数学方法溯源	2008—01	38.00	27
数学史话览胜	2008—01	28.00	28
数学思维技术	2013—09	38.00	260

书 名	出版时间	定 价	编号
从毕达哥拉斯到怀尔斯	2007—10	48.00	9
从迪利克雷到维斯卡尔迪	2008—01	48.00	21
从哥德巴赫到陈景润	2008—05	98.00	35
从庞加莱到佩雷尔曼	2011—08	138.00	136

书 名	出版时间	定 价	编号
数学奥林匹克与数学文化(第一辑)	2006—05	48.00	4
数学奥林匹克与数学文化(第二辑)(竞赛卷)	2008—01	48.00	19
数学奥林匹克与数学文化(第二辑)(文化卷)	2008—07	58.00	36'
数学奥林匹克与数学文化(第三辑)(竞赛卷)	2010—01	48.00	59
数学奥林匹克与数学文化(第四辑)(竞赛卷)	2011—08	58.00	87
数学奥林匹克与数学文化(第五辑)	2015—06	98.00	370

I

哈尔滨工业大学出版社刘培杰数学工作室
已出版(即将出版)图书目录

书　名	出版时间	定　价	编号
世界著名平面几何经典著作钩沉——几何作图专题卷(上)	2009—06	48.00	49
世界著名平面几何经典著作钩沉——几何作图专题卷(下)	2011—01	88.00	80
世界著名平面几何经典著作钩沉(民国平面几何老课本)	2011—03	38.00	113
世界著名平面几何经典著作钩沉(建国初期平面三角老课本)	2015—08	38.00	507
世界著名解析几何经典著作钩沉——平面解析几何卷	2014—01	38.00	273
世界著名数论经典著作钩沉(算术卷)	2012—01	28.00	125
世界著名数学经典著作钩沉——立体几何卷	2011—02	28.00	88
世界著名三角学经典著作钩沉(平面三角卷Ⅰ)	2010—06	28.00	69
世界著名三角学经典著作钩沉(平面三角卷Ⅱ)	2011—01	38.00	78
世界著名初等数论经典著作钩沉(理论和实用算术卷)	2011—07	38.00	126

书　名	出版时间	定　价	编号
发展空间想象力	2010—01	38.00	57
走向国际数学奥林匹克的平面几何试题诠释(上、下)(第1版)	2007—01	68.00	11,12
走向国际数学奥林匹克的平面几何试题诠释(上、下)(第2版)	2010—02	98.00	63,64
平面几何证明方法全书	2007—08	35.00	1
平面几何证明方法全书习题解答(第1版)	2005—10	18.00	2
平面几何证明方法全书习题解答(第2版)	2006—12	18.00	10
平面几何天天练上卷·基础篇(直线型)	2013—01	58.00	208
平面几何天天练中卷·基础篇(涉及圆)	2013—01	28.00	234
平面几何天天练下卷·提高篇	2013—01	58.00	237
平面几何专题研究	2013—07	98.00	258
最新世界各国数学奥林匹克中的平面几何试题	2007—09	38.00	14
数学竞赛平面几何典型题及新颖解	2010—07	48.00	74
初等数学复习及研究(平面几何)	2008—09	58.00	38
初等数学复习及研究(立体几何)	2010—06	38.00	71
初等数学复习及研究(平面几何)习题解答	2009—01	48.00	42
几何学教程(平面几何卷)	2011—03	68.00	90
几何学教程(立体几何卷)	2011—07	68.00	130
几何变换与几何证题	2010—06	88.00	70
计算方法与几何证题	2011—06	28.00	129
立体几何技巧与方法	2014—04	88.00	293
几何瑰宝——平面几何500名题暨1000条定理(上、下)	2010—07	138.00	76,77
三角形的解法与应用	2012—07	18.00	183
近代的三角形几何学	2012—07	48.00	184
一般折线几何学	2015—08	48.00	203
三角形的五心	2009—06	28.00	51
三角形的六心及其应用	2015—10	68.00	542
三角形趣谈	2012—08	28.00	212
解三角形	2014—01	28.00	265
三角学专门教程	2014—09	28.00	387

哈尔滨工业大学出版社刘培杰数学工作室
已出版(即将出版)图书目录

书　名	出版时间	定　价	编号
距离几何分析导引	2015—02	68.00	446
圆锥曲线习题集(上册)	2013—06	68.00	255
圆锥曲线习题集(中册)	2015—01	78.00	434
圆锥曲线习题集(下册)	即将出版		
近代欧氏几何学	2012—03	48.00	162
罗巴切夫斯基几何学及几何基础概要	2012—07	28.00	188
罗巴切夫斯基几何学初步	2015—06	28.00	474
用三角、解析几何、复数、向量计算解数学竞赛几何题	2015—03	48.00	455
美国中学几何教程	2015—04	88.00	458
三线坐标与三角形特征点	2015—04	98.00	460
平面解析几何方法与研究(第1卷)	2015—05	18.00	471
平面解析几何方法与研究(第2卷)	2015—06	18.00	472
平面解析几何方法与研究(第3卷)	2015—07	18.00	473
解析几何研究	2015—01	38.00	425
初等几何研究	2015—02	58.00	444
俄罗斯平面几何问题集	2009—08	88.00	55
俄罗斯立体几何问题集	2014—03	58.00	283
俄罗斯几何大师——沙雷金论数学及其他	2014—01	48.00	271
来自俄罗斯的5000道几何习题及解答	2011—03	58.00	89
俄罗斯初等数学问题集	2012—05	38.00	177
俄罗斯函数问题集	2011—03	38.00	103
俄罗斯组合分析问题集	2011—01	48.00	79
俄罗斯初等数学万题选——三角卷	2012—11	38.00	222
俄罗斯初等数学万题选——代数卷	2013—08	68.00	225
俄罗斯初等数学万题选——几何卷	2014—01	68.00	226
463个俄罗斯几何老问题	2012—01	28.00	152
超越吉米多维奇.数列的极限	2009—11	48.00	58
超越普里瓦洛夫.留数卷	2015—01	28.00	437
超越普里瓦洛夫.无穷乘积与它对解析函数的应用卷	2015—05	28.00	477
超越普里瓦洛夫.积分卷	2015—06	18.00	481
超越普里瓦洛夫.基础知识卷	2015—06	28.00	482
超越普里瓦洛夫.数项级数卷	2015—07	38.00	489
初等数论难题集(第一卷)	2009—05	68.00	44
初等数论难题集(第二卷)(上、下)	2011—02	128.00	82,83
数论概貌	2011—03	18.00	93
代数数论(第二版)	2013—08	58.00	94
代数多项式	2014—06	38.00	289
初等数论的知识与问题	2011—02	28.00	95
超越数论基础	2011—03	28.00	96
数论初等教程	2011—03	28.00	97
数论基础	2011—03	18.00	98
数论基础与维诺格拉多夫	2014—03	18.00	292
解析数论基础	2012—08	28.00	216
解析数论基础(第二版)	2014—01	48.00	287
解析数论问题集(第二版)	2014—05	88.00	343

哈尔滨工业大学出版社刘培杰数学工作室
已出版(即将出版)图书目录

书　名	出版时间	定　价	编号
数论入门	2011—03	38.00	99
代数数论入门	2015—03	38.00	448
数论开篇	2012—07	28.00	194
解析数论引论	2011—03	48.00	100
Barban Davenport Halberstam 均值和	2009—01	40.00	33
基础数论	2011—03	28.00	101
初等数论 100 例	2011—05	18.00	122
初等数论经典例题	2012—07	18.00	204
最新世界各国数学奥林匹克中的初等数论试题(上、下)	2012—01	138.00	144,145
初等数论（Ⅰ）	2012—01	18.00	156
初等数论（Ⅱ）	2012—01	18.00	157
初等数论（Ⅲ）	2012—01	28.00	158
平面几何与数论中未解决的新老问题	2013—01	68.00	229
代数数论简史	2014—11	28.00	408
代数数论	2015—09	88.00	532

书　名	出版时间	定　价	编号
谈谈素数	2011—03	18.00	91
平方和	2011—03	18.00	92
复变函数引论	2013—10	68.00	269
伸缩变换与抛物旋转	2015—01	38.00	449
无穷分析引论(上)	2013—04	88.00	247
无穷分析引论(下)	2013—04	98.00	245
数学分析	2014—04	28.00	338
数学分析中的一个新方法及其应用	2013—01	38.00	231
数学分析例选:通过范例学技巧	2013—01	88.00	243
高等代数例选:通过范例学技巧	2015—06	88.00	475
三角级数论(上册)(陈建功)	2013—01	38.00	232
三角级数论(下册)(陈建功)	2013—01	48.00	233
三角级数论(哈代)	2013—06	48.00	254
三角级数	2015—07	28.00	263
超越数	2011—03	18.00	109
三角和方法	2011—03	18.00	112
整数论	2011—05	38.00	120
从整数谈起	2015—10	18.00	538
随机过程(Ⅰ)	2014—01	78.00	224
随机过程(Ⅱ)	2014—01	68.00	235
算术探索	2011—12	158.00	148
组合数学	2012—04	28.00	178
组合数学浅谈	2012—03	28.00	159
丢番图方程引论	2012—03	48.00	172
拉普拉斯变换及其应用	2015—02	38.00	447
高等代数.上	2016—01	38.00	548
高等代数.下	2016—01	38.00	549
数学解析教程.上卷.1	2016—01	58.00	546
数学解析教程.上卷.2	2016—01	38.00	553

书　名	出版时间	定　价	编号
同余理论	2012—05	38.00	163
[x]与{x}	2015—04	48.00	476
极值与最值.上卷	2015—06	38.00	486
极值与最值.中卷	2015—06	38.00	487
极值与最值.下卷	2015—06	28.00	488
整数的性质	2012—11	38.00	192
多项式理论	2015—10	88.00	541

哈尔滨工业大学出版社刘培杰数学工作室
已出版(即将出版)图书目录

书　名	出版时间	定　价	编号
历届美国中学生数学竞赛试题及解答(第一卷)1950—1954	2014—07	18.00	277
历届美国中学生数学竞赛试题及解答(第二卷)1955—1959	2014—04	18.00	278
历届美国中学生数学竞赛试题及解答(第三卷)1960—1964	2014—06	18.00	279
历届美国中学生数学竞赛试题及解答(第四卷)1965—1969	2014—04	28.00	280
历届美国中学生数学竞赛试题及解答(第五卷)1970—1972	2014—06	18.00	281
历届美国中学生数学竞赛试题及解答(第七卷)1981—1986	2015—01	18.00	424
历届 IMO 试题集(1959—2005)	2006—05	58.00	5
历届 CMO 试题集	2008—09	28.00	40
历届中国数学奥林匹克试题集	2014—10	38.00	394
历届加拿大数学奥林匹克试题集	2012—08	38.00	215
历届美国数学奥林匹克试题集:多解推广加强	2012—08	38.00	209
历届波兰数学竞赛试题集.第1卷,1949~1963	2015—03	18.00	453
历届波兰数学竞赛试题集.第2卷,1964~1976	2015—03	18.00	454
保加利亚数学奥林匹克	2014—10	38.00	393
圣彼得堡数学奥林匹克试题集	2015—01	48.00	429
历届国际大学生数学竞赛试题集(1994—2010)	2012—01	28.00	143
全国大学生数学夏令营数学竞赛试题及解答	2007—03	28.00	15
全国大学生数学竞赛辅导教程	2012—07	28.00	189
全国大学生数学竞赛复习全书	2014—04	48.00	340
历届美国大学生数学竞赛试题集	2009—03	88.00	43
前苏联大学生数学奥林匹克竞赛题解(上编)	2012—04	28.00	169
前苏联大学生数学奥林匹克竞赛题解(下编)	2012—04	38.00	170
历届美国数学邀请赛试题集	2014—01	48.00	270
全国高中数学竞赛试题及解答.第1卷	2014—07	38.00	331
大学生数学竞赛讲义	2014—09	28.00	371
亚太地区数学奥林匹克竞赛题	2015—07	18.00	492
高考数学临门一脚(含密押三套卷)(理科版)	2015—01	24.80	421
高考数学临门一脚(含密押三套卷)(文科版)	2015—01	24.80	422
新课标高考数学题型全归纳(文科版)	2015—05	72.00	467
新课标高考数学题型全归纳(理科版)	2015—05	82.00	468
王连笑教你怎样学数学:高考选择题解题策略与客观题实用训练	2014—01	48.00	262
王连笑教你怎样学数学:高考数学高层次讲座	2015—02	48.00	432
高考数学的理论与实践	2009—08	38.00	53
高考数学核心题型解题方法与技巧	2010—01	28.00	86
高考思维新平台	2014—03	38.00	259
30分钟拿下高考数学选择题、填空题(第二版)	2012—01	28.00	146
高考数学压轴题解题诀窍(上)	2012—02	78.00	166
高考数学压轴题解题诀窍(下)	2012—03	28.00	167
北京市五区文科数学三年高考模拟题详解:2013~2015	2015—08	48.00	500
北京市五区理科数学三年高考模拟题详解:2013~2015	2015—09	68.00	505
向量法巧解数学高考题	2009—08	28.00	54
高考数学万能解题法	2015—09	28.00	534
高考物理万能解题法	2015—09	28.00	537
2011~2015年全国及各省市高考数学文科精品试题审题要津与解法研究	2015—10	68.00	539
2011~2015年全国及各省市高考数学理科精品试题审题要津与解法研究	2015—10	88.00	540

哈尔滨工业大学出版社刘培杰数学工作室
已出版(即将出版)图书目录

书　名	出版时间	定　价	编号
整函数	2012—08	18.00	161
近代拓扑学研究	2013—04	38.00	239
多项式和无理数	2008—01	68.00	22
模糊数据统计学	2008—03	48.00	31
模糊分析学与特殊泛函空间	2013—01	68.00	241
受控理论与解析不等式	2012—05	78.00	165
解析不等式新论	2009—06	68.00	48
建立不等式的方法	2011—03	98.00	104
数学奥林匹克不等式研究	2009—08	68.00	56
不等式研究(第二辑)	2012—02	68.00	153
不等式的秘密(第一卷)	2012—02	28.00	154
不等式的秘密(第一卷)(第2版)	2014—02	38.00	286
不等式的秘密(第二卷)	2014—01	38.00	268
初等不等式的证明方法	2010—06	38.00	123
初等不等式的证明方法(第二版)	2014—11	38.00	407
不等式·理论·方法(基础卷)	2015—07	38.00	496
不等式·理论·方法(经典不等式卷)	2015—07	38.00	497
不等式·理论·方法(特殊类型不等式卷)	2015—07	48.00	498
谈谈不定方程	2011—05	28.00	119
数学奥林匹克在中国	2014—06	98.00	344
数学奥林匹克问题集	2014—01	38.00	267
数学奥林匹克不等式散论	2010—06	38.00	124
数学奥林匹克不等式欣赏	2011—09	38.00	138
数学奥林匹克超级题库(初中卷上)	2010—01	58.00	66
数学奥林匹克不等式证明方法和技巧(上、下)	2011—08	158.00	134,135
新编640个世界著名数学智力趣题	2014—01	88.00	242
500个最新世界著名数学智力趣题	2008—06	48.00	3
400个最新世界著名数学最值问题	2008—09	48.00	36
500个世界著名数学征解问题	2009—06	48.00	52
400个中国最佳初等数学征解老问题	2010—01	48.00	60
500个俄罗斯数学经典老题	2011—01	28.00	81
1000个国外中学物理好题	2012—04	48.00	174
300个日本高考数学题	2012—05	38.00	142
500个前苏联早期高考数学试题及解答	2012—05	28.00	185
546个早期俄罗斯大学生数学竞赛题	2014—03	38.00	285
548个来自美苏的数学好问题	2014—11	28.00	396
20所苏联著名大学早期入学试题	2015—02	18.00	452
161道德国工科大学生必做的微分方程习题	2015—05	28.00	469
500个德国工科大学生必做的高数习题	2015—06	28.00	478
德国讲义日本考题.微积分卷	2015—04	48.00	456
德国讲义日本考题.微分方程卷	2015—04	38.00	457
几何变换(Ⅰ)	2014—07	28.00	353
几何变换(Ⅱ)	2015—06	28.00	354
几何变换(Ⅲ)	2015—01	38.00	355
几何变换(Ⅳ)	2015—12	38.00	356

哈尔滨工业大学出版社刘培杰数学工作室
已出版(即将出版)图书目录

书　名	出版时间	定　价	编号
中国初等数学研究　2009卷(第1辑)	2009—05	20.00	45
中国初等数学研究　2010卷(第2辑)	2010—05	30.00	68
中国初等数学研究　2011卷(第3辑)	2011—07	60.00	127
中国初等数学研究　2012卷(第4辑)	2012—07	48.00	190
中国初等数学研究　2014卷(第5辑)	2014—02	48.00	288
中国初等数学研究　2015卷(第6辑)	2015—06	68.00	493
博弈论精粹	2008—03	58.00	30
博弈论精粹.第二版(精装)	2015—01	88.00	461
数学 我爱你	2008—01	28.00	20
精神的圣徒　别样的人生——60位中国数学家成长的历程	2008—09	48.00	39
数学史概论	2009—06	78.00	50
数学史概论(精装)	2013—03	158.00	272
数学史选讲	2016—01	48.00	544
斐波那契数列	2010—02	28.00	65
数学拼盘和斐波那契魔方	2010—07	38.00	72
斐波那契数列欣赏	2011—01	28.00	160
数学的创造	2011—02	48.00	85
数学中的美	2011—02	38.00	84
数论中的美学	2014—12	38.00	351
数学王者　科学巨人——高斯	2015—01	28.00	428
振兴祖国数学的圆梦之旅:中国初等数学研究史话	2015—06	78.00	490
二十世纪中国数学史料研究	2015—10	48.00	536
数字谜、数阵图与棋盘覆盖	2016—01	58.00	298
最新全国及各省市高考数学试卷解法研究及点拨评析	2009—02	38.00	41
2011年全国及各省市高考数学试题审题要津与解法研究	2011—10	48.00	139
2013年全国及各省市高考数学试题解析与点评	2014—01	48.00	282
全国及各省市高考数学试题审题要津与解法研究	2015—02	48.00	450
全国中考数学压轴题审题要津与解法研究	2013—04	78.00	248
新编全国及各省市中考数学压轴题审题要津与解法研究	2014—05	58.00	342
全国及各省市5年中考数学压轴题审题要津与解法研究	2015—04	58.00	462
新课标高考数学——五年试题分章详解(2007～2011)(上、下)	2011—10	78.00	140,141
中考数学专题总复习	2007—04	28.00	6
数学解题——靠数学思想给力(上)	2011—07	38.00	131
数学解题——靠数学思想给力(中)	2011—07	48.00	132
数学解题——靠数学思想给力(下)	2011—07	38.00	133
我怎样解题	2013—01	48.00	227
数学解题中的物理方法	2011—06	28.00	114
数学解题的特殊方法	2011—06	48.00	115
中学数学计算技巧	2012—01	48.00	116
中学数学证明方法	2012—01	58.00	117
数学趣题巧解	2012—03	28.00	128
高中数学教学通鉴	2015—05	58.00	479
和高中生漫谈:数学与哲学的故事	2014—08	28.00	369

哈尔滨工业大学出版社刘培杰数学工作室
已出版(即将出版)图书目录

书　名	出版时间	定　价	编号
自主招生考试中的参数方程问题	2015—01	28.00	435
自主招生考试中的极坐标问题	2015—04	28.00	463
近年全国重点大学自主招生数学试题全解及研究.华约卷	2015—02	38.00	441
近年全国重点大学自主招生数学试题全解及研究.北约卷	即将出版		
自主招生数学解证宝典	2015—09	48.00	535
格点和面积	2012—07	18.00	191
射影几何趣谈	2012—04	28.00	175
斯潘纳尔引理——从一道加拿大数学奥林匹克试题谈起	2014—01	28.00	228
李普希兹条件——从几道近年高考数学试题谈起	2012—10	18.00	221
拉格朗日中值定理——从一道北京高考试题的解法谈起	2015—10	18.00	197
闵科夫斯基定理——从一道清华大学自主招生试题谈起	2014—01	28.00	198
哈尔测度——从一道冬令营试题的背景谈起	2012—08	28.00	202
切比雪夫逼近问题——从一道中国台北数学奥林匹克试题谈起	2013—04	38.00	238
伯恩斯坦多项式与贝齐尔曲面——从一道全国高中数学联赛试题谈起	2013—03	38.00	236
卡塔兰猜想——从一道普特南竞赛试题谈起	2013—06	18.00	256
麦卡锡函数和阿克曼函数——从一道前南斯拉夫数学奥林匹克试题谈起	2012—08	18.00	201
贝蒂定理与拉姆贝克莫斯尔定理——从一个拣石子游戏谈起	2012—08	18.00	217
皮亚诺曲线和豪斯道夫分球定理——从无限集谈起	2012—08	18.00	211
平面凸图形与凸多面体	2012—10	28.00	218
斯坦因豪斯问题——从一道二十五省市自治区中学数学竞赛试题谈起	2012—07	18.00	196
纽结理论中的亚历山大多项式与琼斯多项式——从一道北京市高一数学竞赛试题谈起	2012—07	28.00	195
原则与策略——从波利亚"解题表"谈起	2013—04	38.00	244
转化与化归——从三大尺规作图不能问题谈起	2012—08	28.00	214
代数几何中的贝祖定理(第一版)——从一道IMO试题的解法谈起	2013—08	18.00	193
成功连贯理论与约当块理论——从一道比利时数学竞赛试题谈起	2012—04	18.00	180
磨光变换与范·德·瓦尔登猜想——从一道环球城市竞赛试题谈起	即将出版		
素数判定与大数分解	2014—08	18.00	199
置换多项式及其应用	2012—10	18.00	220
椭圆函数与模函数——从一道美国加州大学洛杉矶分校(UCLA)博士资格考题谈起	2012—10	28.00	219
差分方程的拉格朗日方法——从一道2011年全国高考理科试题的解法谈起	2012—08	28.00	200
力学在几何中的一些应用	2013—01	38.00	240
高斯散度定理、斯托克斯定理和平面格林定理——从一道国际大学生数学竞赛试题谈起	即将出版		
康托洛维奇不等式——从一道全国高中联赛试题谈起	2013—03	28.00	337
西格尔引理——从一道第18届IMO试题的解法谈起	即将出版		
罗斯定理——从一道前苏联数学竞赛试题谈起	即将出版		
拉克斯定理和阿廷定理——从一道IMO试题的解法谈起	2014—01	58.00	246

哈尔滨工业大学出版社刘培杰数学工作室
已出版(即将出版)图书目录

书　名	出版时间	定价	编号
毕卡大定理——从一道美国大学数学竞赛试题谈起	2014—07	18.00	350
贝齐尔曲线——从一道全国高中联赛试题谈起	即将出版		
拉格朗日乘子定理——从一道 2005 年全国高中联赛试题的高等数学解法谈起	2015—05	28.00	480
雅可比定理——从一道日本数学奥林匹克试题谈起	2013—04	48.00	249
李天岩—约克定理——从一道波兰数学竞赛试题谈起	2014—06	28.00	349
整系数多项式因式分解的一般方法——从克朗耐克算法谈起	即将出版		
布劳维不动点定理——从一道前苏联数学奥林匹克试题谈起	2014—01	38.00	273
压缩不动点定理——从一道高考数学试题的解法谈起	即将出版		
伯恩赛德定理——从一道英国数学奥林匹克试题谈起	即将出版		
布查特—莫斯特定理——从一道上海市初中竞赛试题谈起	即将出版		
数论中的同余数问题——从一道普特南竞赛试题谈起	即将出版		
范·德蒙行列式——从一道美国数学奥林匹克试题谈起	即将出版		
中国剩余定理:总数法构建中国历史年表	2015—01	28.00	430
牛顿程序与方程求根——从一道全国高考试题解法谈起	即将出版		
库默尔定理——从一道 IMO 预选试题谈起	即将出版		
卢丁定理——从一道冬令营试题的解法谈起	即将出版		
沃斯滕霍姆定理——从一道 IMO 预选试题谈起	即将出版		
卡尔松不等式——从一道莫斯科数学奥林匹克试题谈起	即将出版		
信息论中的香农熵——从一道近年高考压轴题谈起	即将出版		
约当不等式——从一道希望杯竞赛试题谈起	即将出版		
拉比诺维奇定理	即将出版		
刘维尔定理——从一道《美国数学月刊》征解问题的解法谈起	即将出版		
卡塔兰恒等式与级数求和——从一道 IMO 试题的解法谈起	即将出版		
勒让德猜想与素数分布——从一道爱尔兰竞赛试题谈起	即将出版		
天平称重与信息论——从一道基辅市数学奥林匹克试题谈起	即将出版		
哈密尔顿—凯莱定理——从一道高中数学联赛试题的解法谈起	2014—09	18.00	376
艾思特曼定理——从一道 CMO 试题的解法谈起	即将出版		
一个爱尔特希问题——从一道西德数学奥林匹克试题谈起	即将出版		
有限群中的爱丁格尔问题——从一道北京市初中二年级数学竞赛试题谈起	即将出版		
贝克码与编码理论——从一道全国高中联赛试题谈起	即将出版		
帕斯卡三角形	2014—03	18.00	294
蒲丰投针问题——从 2009 年清华大学的一道自主招生试题谈起	2014—01	38.00	295
斯图姆定理——从一道"华约"自主招生试题的解法谈起	2014—01	18.00	296
许瓦兹引理——从一道加利福尼亚大学伯克利分校数学系博士生试题谈起	2014—08	18.00	297
拉格朗日中值定理——从一道北京高考试题的解法谈起	2014—01		298
拉姆塞定理——从王诗宬院士的一个问题谈起	2014—01		299
坐标法	2013—12	28.00	332
数论三角形	2014—04	38.00	341
毕克定理	2014—07	18.00	352
数林掠影	2014—09	48.00	389
我们周围的概率	2014—10	38.00	390
凸函数最值定理:从一道华约自主招生题的解法谈起	2014—10	28.00	391
易学与数学奥林匹克	2014—10	38.00	392

哈尔滨工业大学出版社刘培杰数学工作室
已出版(即将出版)图书目录

书 名	出版时间	定 价	编号
生物数学趣谈	2015—01	18.00	409
反演	2015—01		420
因式分解与圆锥曲线	2015—01	18.00	426
轨迹	2015—01	28.00	427
面积原理:从常庚哲命的一道CMO试题的积分解法谈起	2015—01	48.00	431
形形色色的不动点定理:从一道28届IMO试题谈起	2015—01	38.00	439
柯西函数方程:从一道上海交大自主招生的试题谈起	2015—02	28.00	440
三角恒等式	2015—02	28.00	442
无理性判定:从一道2014年"北约"自主招生试题谈起	2015—01	38.00	443
数学归纳法	2015—03	18.00	451
极端原理与解题	2015—04	28.00	464
法雷级数	2014—08	18.00	367
摆线族	2015—01	38.00	438
函数方程及其解法	2015—05	38.00	470
含参数的方程和不等式	2012—09	28.00	213
希尔伯特第十问题	2016—01	38.00	543
无穷小量的求和	2016—01	28.00	545
中等数学英语阅读文选	2006—12	38.00	13
统计学专业英语	2007—03	28.00	16
统计学专业英语(第二版)	2012—07	48.00	176
统计学专业英语(第三版)	2015—04	68.00	465
幻方和魔方(第一卷)	2012—05	68.00	173
尘封的经典——初等数学经典文献选读(第一卷)	2012—07	48.00	205
尘封的经典——初等数学经典文献选读(第二卷)	2012—07	38.00	206
代换分析:英文	2015—07	38.00	499
实变函数论	2012—06	78.00	181
复变函数论	2015—08	38.00	504
非光滑优化及其变分分析	2014—01	48.00	230
疏散的马尔科夫链	2014—01	58.00	266
马尔科夫过程论基础	2015—01	28.00	433
初等微分拓扑学	2012—07	18.00	182
方程式论	2011—03	38.00	105
初级方程式论	2011—03	28.00	106
Galois理论	2011—03	18.00	107
古典数学难题与伽罗瓦理论	2012—11	58.00	223
伽罗华与群论	2014—01	28.00	290
代数方程的根式解及伽罗瓦理论	2011—03	28.00	108
代数方程的根式解及伽罗瓦理论(第二版)	2015—01	28.00	423
线性偏微分方程讲义	2011—03	18.00	110
几类微分方程数值方法的研究	2015—05	38.00	485
N体问题的周期解	2011—03	28.00	111
代数方程式论	2011—05	18.00	121
动力系统的不变量与函数方程	2011—07	48.00	137
基于短语评价的翻译知识获取	2012—02	48.00	168
应用随机过程	2012—04	48.00	187
概率论导引	2012—04	18.00	179
矩阵论(上)	2013—06	58.00	250
矩阵论(下)	2013—06	48.00	251
对称锥互补问题的内点法:理论分析与算法实现	2014—08	68.00	368
抽象代数:方法导引	2013—06	38.00	257

哈尔滨工业大学出版社刘培杰数学工作室
已出版(即将出版)图书目录

书　名	出版时间	定　价	编号
函数论	2014—11	78.00	395
反问题的计算方法及应用	2011—11	28.00	147
初等数学研究(Ⅰ)	2008—09	68.00	37
初等数学研究(Ⅱ)(上、下)	2009—05	118.00	46,47
数阵及其应用	2012—02	28.00	164
绝对值方程—折边与组合图形的解析研究	2012—07	48.00	186
代数函数论(上)	2015—07	38.00	494
代数函数论(下)	2015—07	38.00	495
偏微分方程论:法文	2015—10	48.00	533
闵嗣鹤文集	2011—03	98.00	102
吴从炘数学活动三十年(1951～1980)	2010—07	99.00	32
吴从炘数学活动又三十年(1981～2010)	2015—07	98.00	491
趣味初等方程妙题集锦	2014—09	48.00	388
趣味初等数论选美与欣赏	2015—02	48.00	445
耕读笔记(上卷):一位农民数学爱好者的初数探索	2015—04	28.00	459
耕读笔记(中卷):一位农民数学爱好者的初数探索	2015—05	28.00	483
耕读笔记(下卷):一位农民数学爱好者的初数探索	2015—05	28.00	484
几何不等式研究与欣赏.上卷	2016—01	88.00	547
几何不等式研究与欣赏.下卷	2016—01	48.00	552
数贝偶拾——高考数学题研究	2014—04	28.00	274
数贝偶拾——初等数学研究	2014—04	38.00	275
数贝偶拾——奥数题研究	2014—04	48.00	276
集合、函数与方程	2014—01	28.00	300
数列与不等式	2014—01	38.00	301
三角与平面向量	2014—01	28.00	302
平面解析几何	2014—01	38.00	303
立体几何与组合	2014—01	28.00	304
极限与导数、数学归纳法	2014—01	38.00	305
趣味数学	2014—03	28.00	306
教材教法	2014—04	68.00	307
自主招生	2014—05	58.00	308
高考压轴题(上)	2015—01	48.00	309
高考压轴题(下)	2014—10	68.00	310
从费马到怀尔斯——费马大定理的历史	2013—10	198.00	Ⅰ
从庞加莱到佩雷尔曼——庞加莱猜想的历史	2013—10	298.00	Ⅱ
从切比雪夫到爱尔特希(上)——素数定理的初等证明	2013—07	48.00	Ⅲ
从切比雪夫到爱尔特希(下)——素数定理100年	2012—12	98.00	Ⅲ
从高斯到盖尔方特——二次域的高斯猜想	2013—10	198.00	Ⅳ
从库默尔到朗兰兹——朗兰兹猜想的历史	2014—01	98.00	Ⅴ
从比勃巴赫到德布朗斯——比勃巴赫猜想的历史	2014—02	298.00	Ⅵ
从麦比乌斯到陈省身——麦比乌斯变换与麦比乌斯带	2014—02	298.00	Ⅶ
从布尔到豪斯道夫——布尔方程与格论漫谈	2013—10	198.00	Ⅷ
从开普勒到阿诺德——三体问题的历史	2014—05	298.00	Ⅸ
从华林到华罗庚——华林问题的历史	2013—10	298.00	Ⅹ
吴振奎高等数学解题真经(概率统计卷)	2012—01	38.00	149
吴振奎高等数学解题真经(微积分卷)	2012—01	68.00	150
吴振奎高等数学解题真经(线性代数卷)	2012—01	58.00	151
钱昌本教你快乐学数学(上)	2011—12	48.00	155
钱昌本教你快乐学数学(下)	2012—03	58.00	171

哈尔滨工业大学出版社刘培杰数学工作室
已出版(即将出版)图书目录

书　名	出版时间	定　价	编号
第19～23届"希望杯"全国数学邀请赛试题审题要津详细评注(初一版)	2014—03	28.00	333
第19～23届"希望杯"全国数学邀请赛试题审题要津详细评注(初二、初三版)	2014—03	38.00	334
第19～23届"希望杯"全国数学邀请赛试题审题要津详细评注(高一版)	2014—03	28.00	335
第19～23届"希望杯"全国数学邀请赛试题审题要津详细评注(高二版)	2014—03	38.00	336
第19～25届"希望杯"全国数学邀请赛试题审题要津详细评注(初一版)	2015—01	38.00	416
第19～25届"希望杯"全国数学邀请赛试题审题要津详细评注(初二、初三版)	2015—01	58.00	417
第19～25届"希望杯"全国数学邀请赛试题审题要津详细评注(高一版)	2015—01	48.00	418
第19～25届"希望杯"全国数学邀请赛试题审题要津详细评注(高二版)	2015—01	48.00	419
高等数学解题全攻略(上卷)	2013—06	58.00	252
高等数学解题全攻略(下卷)	2013—06	58.00	253
高等数学复习纲要	2014—01	18.00	384
三角函数	2014—01	38.00	311
不等式	2014—01	38.00	312
数列	2014—01	38.00	313
方程	2014—01	28.00	314
排列和组合	2014—01	28.00	315
极限与导数	2014—01	28.00	316
向量	2014—09	38.00	317
复数及其应用	2014—08	28.00	318
函数	2014—01	38.00	319
集合	即将出版		320
直线与平面	2014—01	28.00	321
立体几何	2014—04	28.00	322
解三角形	即将出版		323
直线与圆	2014—01	28.00	324
圆锥曲线	2014—01	38.00	325
解题通法(一)	2014—07	38.00	326
解题通法(二)	2014—07	38.00	327
解题通法(三)	2014—05	38.00	328
概率与统计	2014—01	28.00	329
信息迁移与算法	即将出版		330
物理奥林匹克竞赛大题典——力学卷	2014—11	48.00	405
物理奥林匹克竞赛大题典——热学卷	2014—04	28.00	339
物理奥林匹克竞赛大题典——电磁学卷	2015—07	48.00	406
物理奥林匹克竞赛大题典——光学与近代物理卷	2014—06	28.00	345
历届中国东南地区数学奥林匹克试题集(2004～2012)	2014—06	18.00	346
历届中国西部地区数学奥林匹克试题集(2001～2012)	2014—07	18.00	347
历届中国女子数学奥林匹克试题集(2002～2012)	2014—08	18.00	348
美国高中数学竞赛五十讲.第1卷(英文)	2014—08	28.00	357
美国高中数学竞赛五十讲.第2卷(英文)	2014—08	28.00	358
美国高中数学竞赛五十讲.第3卷(英文)	2014—09	28.00	359
美国高中数学竞赛五十讲.第4卷(英文)	2014—09	28.00	360
美国高中数学竞赛五十讲.第5卷(英文)	2014—10	28.00	361
美国高中数学竞赛五十讲.第6卷(英文)	2014—11	28.00	362
美国高中数学竞赛五十讲.第7卷(英文)	2014—12	28.00	363
美国高中数学竞赛五十讲.第8卷(英文)	2015—01	28.00	364
美国高中数学竞赛五十讲.第9卷(英文)	2015—01	28.00	365
美国高中数学竞赛五十讲.第10卷(英文)	2015—02	38.00	366

哈尔滨工业大学出版社刘培杰数学工作室
已出版(即将出版)图书目录

书　名	出版时间	定　价	编号
IMO 50 年.第 1 卷(1959—1963)	2014—11	28.00	377
IMO 50 年.第 2 卷(1964—1968)	2014—11	28.00	378
IMO 50 年.第 3 卷(1969—1973)	2014—09	28.00	379
IMO 50 年.第 4 卷(1974—1978)	即将出版		380
IMO 50 年.第 5 卷(1979—1984)	2015—04	38.00	381
IMO 50 年.第 6 卷(1985—1989)	2015—04	58.00	382
IMO 50 年.第 7 卷(1990—1994)	即将出版		383
IMO 50 年.第 8 卷(1995—1999)	即将出版		384
IMO 50 年.第 9 卷(2000—2004)	2015—04	58.00	385
IMO 50 年.第 10 卷(2005—2008)	即将出版		386
历届美国大学生数学竞赛试题集.第一卷(1938—1949)	2015—01	28.00	397
历届美国大学生数学竞赛试题集.第二卷(1950—1959)	2015—01	28.00	398
历届美国大学生数学竞赛试题集.第三卷(1960—1969)	2015—01	28.00	399
历届美国大学生数学竞赛试题集.第四卷(1970—1979)	2015—01	18.00	400
历届美国大学生数学竞赛试题集.第五卷(1980—1989)	2015—01	28.00	401
历届美国大学生数学竞赛试题集.第六卷(1990—1999)	2015—01	28.00	402
历届美国大学生数学竞赛试题集.第七卷(2000—2009)	2015—08	18.00	403
历届美国大学生数学竞赛试题集.第八卷(2010—2012)	2015—01	18.00	404
新课标高考数学创新题解题诀窍:总论	2014—09	28.00	372
新课标高考数学创新题解题诀窍:必修 1～5 分册	2014—08	38.00	373
新课标高考数学创新题解题诀窍:选修 2—1,2—2,1—1,1—2 分册	2014—09	38.00	374
新课标高考数学创新题解题诀窍:选修 2—3,4—4,4—5 分册	2014—09	18.00	375
全国重点大学自主招生英文数学试题全攻略:词汇卷	2015—07	48.00	410
全国重点大学自主招生英文数学试题全攻略:概念卷	2015—01	28.00	411
全国重点大学自主招生英文数学试题全攻略:文章选读卷(上)	即将出版		412
全国重点大学自主招生英文数学试题全攻略:文章选读卷(下)	即将出版		413
全国重点大学自主招生英文数学试题全攻略:试题卷	2015—07	38.00	414
全国重点大学自主招生英文数学试题全攻略:名著欣赏卷	即将出版		415
数学物理大百科全书.第 1 卷	2015—08	408.00	508
数学物理大百科全书.第 2 卷	2015—08	418.00	509
数学物理大百科全书.第 3 卷	2015—08	396.00	510
数学物理大百科全书.第 4 卷	2015—08	408.00	511
数学物理大百科全书.第 5 卷	2015—08	368.00	512

哈尔滨工业大学出版社刘培杰数学工作室
已出版(即将出版)图书目录

书 名	出版时间	定价	编号
劳埃德数学趣题大全.题目卷.1:英文	2015—10	18.00	516
劳埃德数学趣题大全.题目卷.2:英文	2015—10	18.00	517
劳埃德数学趣题大全.题目卷.3:英文	2015—10	18.00	518
劳埃德数学趣题大全.题目卷.4:英文	2016—01	18.00	519
劳埃德数学趣题大全.题目卷.5:英文	2016—01	18.00	520
劳埃德数学趣题大全.答案卷:英文	2016—01	18.00	521
李成章教练奥数笔记.第1卷	2016—01	48.00	522
李成章教练奥数笔记.第2卷	2016—01	48.00	523
李成章教练奥数笔记.第3卷	2016—01	38.00	524
李成章教练奥数笔记.第4卷	2016—01	38.00	525
李成章教练奥数笔记.第5卷	2016—01	38.00	526
李成章教练奥数笔记.第6卷	即将出版		527
李成章教练奥数笔记.第7卷	即将出版		528
李成章教练奥数笔记.第8卷	即将出版		529
李成章教练奥数笔记.第9卷	即将出版		530
zeta函数,q-zeta函数,相伴级数与积分	2015—08	88.00	513
微分形式:理论与练习	2015—08	58.00	514
离散与微分包含的逼近和优化	2015—08	58.00	515

联系地址:哈尔滨市南岗区复华四道街10号 哈尔滨工业大学出版社刘培杰数学工作室
网　　址:http://lpj.hit.edu.cn/
邮　　编:150006
联系电话:0451—86281378　　13904613167
E-mail:lpj1378@163.com